Bianca Fuhrmann
Projekt-Voodoo®

Für Arnulph

und

für all diejenigen, die der Meinung sind,
dass die Zeit für ein Umdenken
im Projektmanagement gekommen ist!

Bianca Fuhrmann

Projekt-Voodoo®

Wie Sie die Tücken des Projektalltags meistern und selbst verfahrene Projekte in Erfolge verwandeln

Mit Illustrationen der Autorin

Bibliografische Information der Deutschen Nationalbibliothek

Die Deutsche Nationalbibliothek verzeichnet diese Publikation in
der Deutschen Nationalbibliografie; detaillierte bibliografische
Informationen sind im Internet unter http://dnb.d-nb.de abrufbar.

ISBN 978-3-86936-515-2

Lektorat: Anja Hilgarth, Herzogenaurach
Illustrationen: © Bianca Fuhrmann, Köln 2013
Umschlaggestaltung: Martin Zech Design, Bremen I www.martinzech.de
Umschlagfoto: Photo of Businessmann voodoo doll on white,
    © fergregory, fotolia.com
Satz und Layout: Das Herstellungsbüro, Hamburg I
    www.buch-herstellungsbuero.de
Druck und Bindung: Salzland Druck, Staßfurt

Projekt-Voodoo® ist eine eingetragene Marke von Bianca Fuhrmann.

www.gabal-verlag.de
www.facebook.com/Gabalbuecher
www.twitter.com/gabalbuecher

INHALT

Nachwort: Nie wieder Albtraumprojekte!

Anhang

VORWORT

Vorwort

Erfolgreiche Projekte sind keine Hexerei!

Wir sammeln Projektzertifizierungen und Projektmanagementwissen. Wir geben uns die Klinke von Projektseminar zu Projektseminar in die Hand. Aber auf eines werden wir nicht vorbereitet – auf den Menschen. Und das ist fatal.

In 99 Prozent der Fälle ist »der Mensch« für das Scheitern eines Projekts verantwortlich. Oder haben Sie schon mal gehört, dass eine Checkliste eine Projektkrise ausgelöst hat?

Und nicht nur das. Menschliche Bedürfnisse werden ignoriert. Wir sind keine Zombies, die befehlsorientiert Prozesse abarbeiten und die man abends in die Gruft sperren kann. Wir sind eigenständig denkende Wesen mit Gefühlen, wir können lachen und wütend sein. Auch die allgegenwärtige Kuschelunternehmenskultur ist gegen unsere Natur. Wir lieben unsere dunkle Seite und genießen es, wenn wir uns im Geheimen für die uns widerfahrenen Ungerechtigkeiten revanchieren können. Was meinen Sie: Wie viele Mitarbeiter würden die Nadeln zücken, wenn man in einem Unternehmen Voodoo-Puppen verteilen würde? Alle.

Jedes Projekt steht und fällt mit den Menschen, die daran beteiligt und darin involviert sind. Denn die meisten Probleme sind hausgemacht. Wie man trotzdem aus schwierigen Situationen schnell wieder heraussteuern kann, das zeigen die Methoden des Projekt-Voodoo. Wird dabei schwarze Magie benutzt? Wer weiß ...

Projekt-Voodoo ist eine neue, innovative Projektmanagementstrategie und eigentlich sogar eine neue Projektmanagementdenkweise! Denn es kombiniert solides Projektmanagement mit kreativen Kriseninterventionen und Elementen aus dem systemischen Business Coaching.

Das Projekt-Voodoo vereint zudem ein emotionales und kooperatives Projektmanagement mit klassischen Führungsmethoden.

Darüber hinaus sind Kompetenzen in dem Thema emotionale Intelligenz wichtige Erfolgsfaktoren. Projekt-Voodoo bezieht das Projektteam in das Geschehen und in die Entscheidungsfindung mit ein. Es fördert die Selbstständigkeit und das kreative Denkvermögen eines jeden Projektmitarbeiters. Und es sorgt für ein stärkeres Verantwortungsbewusstsein und steigert somit die Leistungsfähigkeit des Projektteams. Durch diesen kooperativen Führungsstil kommt der Projektleiter einfach schneller zum Ziel.

In diesem Buch werde ich Ihnen beweisen, dass erfolgreiche Projekte keine Hexerei sind. Projekt-Voodoo ist eine neue, innovative Herangehensweise für Ihren Projekterfolg. Sie lernen, wie Sie Projektkrisen meistern bzw. Krisen schon im Keim den Garaus machen können.

Nein, Projekt-Voodoo hat nichts mit einem Projekt zum Thema Voodoo zu tun, und es wird auch keine Voodoo-Religion praktiziert. Es geht hier jedoch so wie in der beispielsweise in Haiti praktizierten Volksreligion um real existierende Menschen. Der Mensch steht im Mittelpunkt, er ist Dreh- und Angelpunkt eines jeden Projekts.

Deshalb werden wir uns typische Horrorszenarien anschauen und die vier wichtigsten Projektbedrohungen untersuchen, die jedes Projekt zum Scheitern bringen und zum Zombie-Projekt werden lassen. Und Sie erhalten mit Projekt-Voodoo alle nötigen Methoden, um diesen Bedrohungen zu begegnen und Ihre Zombie-Projekte für immer zu beerdigen.

Wir sehen uns den Menschen, das unbekannte Wesen, genauer an. Und geben Antworten auf die wichtigste Frage im Projektmanagement – warum handelt der Mensch so, wie er handelt?

Mit der Projekt-Voodoo-Strategie erhalten Sie einen pragmatischen und zielführenden Weg, wie Sie trotz Druck und Stress klar denken und agieren können. So gerüstet, hilft Ihnen die Projekt-Voodoo-Krisenintervention, jede schwierige Situation in Erfolg zu wandeln und schnell wieder ins Handeln zu kommen.

Abschließend setzen wir mit den Projekt-Ritualen, also den rituellen Projekthandlungen, alles daran, dass Sie zukünftig keine weiteren Krisen mehr meistern müssen.

Bevor ich Sie in die Welt des Projekt-Voodoos entführe, weise ich noch darauf hin, dass wir zur besseren Lesbarkeit in diesem Ratgeber durchgängig die grammatikalisch männliche Form verwenden. Liebe Projektleiterinnen, liebe Leserinnen, verzeihen Sie mir diesen Schritt, aber das flüssige Lesen liegt mir sehr am Herzen. Fühlen Sie sich bitte überall eingeschlossen. Und damit das Lesen noch einfacher wird, gibt es im Wesentlichen zwei Symbole, die Sie schneller zum Ziel führen.

Das erste Symbol ist die Pinnnadel, denn dieses Buch ist mit vielen Tipps gespickt. Und wie im richtigen Projektleben hängen diese an Pinnnadeln.

Das zweite Symbol ist die rote Voodoo-Puppe. Sie kennzeichnet die Kernthesen der Projekt-Voodoo-Methode.

Jetzt aber genug der Symbole! Es wird Zeit, die Nadeln zu zücken.

Viel Vergnügen beim Lesen und viel Erfolg für Ihren Weg zum Projekt-Voodoo-Master.

Ihre Bianca Fuhrmann

Kapitel 1

PROJEKTLEITER

1 Projektleiter

1.1 Herausforderung: Warum es Projektleiter heute so schwer haben

Haben Sie sich schon einmal gefragt, warum es in Projekten so oft kriselt?

Als Projektleiter tun Sie doch schon alles, was Sie gelernt haben. Sie geben alles! Manch einer wird sich fragen: »Reicht das etwa nicht?«

Nein, leider nicht. Denn um einen exzellenten Projektjob zu machen, müssen Sie auf allen Tasten der Klaviatur spielen können. Konkret heißt das, dass Sie Ihr Wissen in den Disziplinen Projektmanagement, Führung und emotionale Intelligenz spielerisch einsetzen sollen.

Aber warum ist das so? Dafür gibt es zwei gravierende Gründe. Erstens, weil es nichts gibt, was Projekte so sehr behindert wie der Mensch selber. Stimmt, oder? Und zweitens, Projektmanagementwissen wird meistens dogmatisch und starr gelebt. Kennen Sie den oft zitierten Spruch in Krisensituationen: »Weiter so wie bisher! Wenn es rau wird, dann noch ein bisschen mehr!« Dieses Verhalten ist absolut verständlich, da wir quasi in einer mittelalterlichen Projektwelt aufwachsen und Regeln nie infrage stellen. Schon die Projektmanagementbegriffe sind so gewählt, dass sie einen unumstößlichen Wahrheitsgehalt haben. Das zeigt sich beispielsweise am Projektmanagement-Manifest, den Richtlinien und natürlich an dem Stall voller Prozesse. Und wenn wir uns brav an die Prozesse halten, kann uns auch keiner etwas anhaben, wenn wir das Projekt an die Wand fahren. Ein perfektes Umsetzen des Gelernten ist unabdingbar. Denn Perfektion ist die Abwesenheit von Fehlern. Und Fehler machen wir nicht! Nie!

Aber Fehler sind der Treibstoff jeder Veränderung. Und sie können die Initialzündung für ein besseres Projektverständnis sein. Sprich, wenn wir die gemachte Erfahrung reflektieren und aus den Fehlern lernen, dann werden wir ohne weiteres Hinzutun besser. Einfach so. Die einzige Bedingung dafür ist, dass wir geistig flexibel sind und an uns glauben.

Und deshalb reicht das einmal gelernte Projektmanagementwissen allein nicht aus. Im Projekt-Voodoo steht nicht, wie im allgemeinen Projektmanagement üblich, der Prozess im Mittelpunkt. Vielmehr ist für das Projekt-Voodoo der Mensch das wichtigste Gut. Blind Regeln zu befolgen, das gibt es im Projekt-Voodoo nicht. Ich appelliere an Ihren gesunden Menschenverstand und an Ihre Kreativität. Das Ziel bestimmt den Weg und am schnellsten geht es immer im Einklang mit den Menschen.

Wie bereits erwähnt, geht es im Projekt-Voodoo nicht um die Voodoo-Religion, doch wie im Voodoo geht es um real existierende Menschen. Es geht dabei um mehr als nur um eine innovative Projektmanage-mentstrategie, es geht um eine neue Denkweise, wie Sie Projekte zum Erfolg führen. Hierbei wird solides Projektmanagement mit kreativen Kriseninterventionen und Elementen aus dem systemischen Business Coaching kombiniert. Emotionales und kooperatives Projektmanage-ment gehen Hand in Hand mit klassischen Führungsmethoden. Das bedeutet unter anderem, dass das Projektteam intensiv in das Gesche-hen und in die Entscheidungsfindung eingebunden wird. Demzufolge sind Kompetenzen in den Themen emotionale Intelligenz ausschlag-gebende Erfolgsfaktoren.

Projekt-Voodoo wirkt somit auf das selbstständige Arbeiten der Mit-arbeiter und fördert das kreative Denkvermögen. Durch das stärkere Verantwortungsbewusstsein steigert es die Leistungsfähigkeit des ge-samten Teams. Es erleichtert den gesamten Projektalltag und stärkt Ihren Erfolg als Projektleiter.

Gerade die Kombination von Fühlen und Denken, also das Bauch-gefühl in Kombination mit dem Verstand, macht einen Projektleiter stark. Gefühle sind emotionale Reaktionen des Körpers. Emotionen sind unsere Freunde und führen zum Handeln, lange bevor der Kopf die Richtung vorgibt. Deshalb ist die Projekt-Voodoo-Puppe besonders geeignet, um das menschliche System und damit seine Gefühlswelt abzubilden. Die Puppe stellt die neuralgischen Punkte unseres Körpers perfekt dar. Diese Gefühlswelt gilt es nun ins Projektmanagement zu übersetzen.

Folgende neuralgischen Punkte sind besonders wichtig für das Projekt-Voodoo:

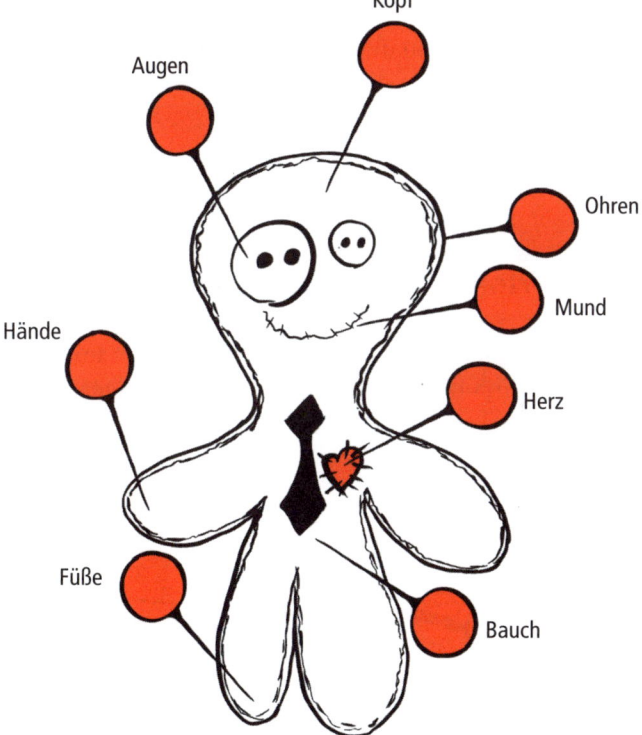

Das Herz – steht für den Projektherzschlag oder allgemein für alles, was den Projektexitus erzeugen kann.

Der Bauch – steht für das Bauchgefühl und die Entscheidungen, aber auch für das Projektteam.

Der Kopf – steht für die Projektkommandozentrale,
also das Priorisieren, Planen und Analysieren.

Die Hände – stehen für das Handeln.

Die Füße – stehen für die Bewegung, aber auch für den Stillstand.

Die Ohren und der Mund – stehen für die Kommunikation.

Die Augen – stehen für die Wahrnehmung.

Die weiteren neuralgischen Punkte und ihre Einsatzgebiete lernen
Sie im Laufe des Buches kennen. Projekt-Voodoo ist einzigartig und
verhilft Ihnen zu einem schnelleren und somit wirtschaftlicheren Projektverlauf, in dem Sie die Menschen für Ihr Vorhaben gewinnen.

1.2 Projekterfolg: Was ist das denn?

Wenn wir schon von einem schnelleren, humaneren und wirtschaftlicheren Projektverlauf sprechen, stellt sich die Frage, was Projekterfolg eigentlich ist.

Ein Projekt ist für das Projekt-Voodoo dann erfolgreich verlaufen, wenn sowohl humane als auch monetäre Erfolge erzielt wurden.

Unter einem *humanen Erfolg* versteht man unter anderem, dass das Projektteam sein volles Potenzial entfalten kann, die Anzahl der Konflikte besonders gering ist und ein offener und kollegialer Umgang gepflegt wird. Jeder einzelne Mitarbeiter wird respektiert. Seine Bedürfnisse werden im Projekt berücksichtigt und die Mitarbeiter sind in die Entscheidungsfindung eingebunden. Kurzum, jeder Projektmitarbeiter steht dem Unternehmen motiviert und leistungsfähig zur Verfügung.

Dagegen betrachtet der *monetäre Erfolg*, ob das Projekt innerhalb des geplanten Budgets, der Ressourcen und des Zeitziels bleibt. Und ob Projektentscheidungen im Sinne des Unternehmens gefällt werden.

Ganz konkret könnten die Erfolge wie folgt aussehen:

- Zu Beginn wird eine ordentliche Planung und eine Risikobetrachtung gemacht.
- Risiken, die nicht selbst beeinflussbar sind, werden aufgedeckt.
- Bei Kürzungen von beispielsweise Zeit, Budget, Qualität und Ressourcen wird eine realistische Betrachtung der Auswirkungen gemacht.
- Es gibt keine verbindlichen Zusagen ohne Risiko-Check.
- Planungsfehler werden frühzeitig erkannt.
- Realistische Puffer werden geplant und nicht unnötig Ressourcen gebunkert beziehungsweise blockiert.
- Unrealistische Vorgaben werden erkannt.
- Die Anzahl der Projektkrisen und Konflikte ist verschwindend gering, und die verbleibenden werden immer ohne das Zutun des Managements im Projektteam gelöst.
- Es gibt keine Änderungen auf Zuruf.
- Entscheidungen werden immer schnell herbeigeführt.
- Es wird der Weg eingeschlagen, den das Ziel wirklich benötigt.

In Summe kann man sagen, dass Projektteams, die mit dem Projekt-Voodoo arbeiten, effizienter und somit aufwandsoptimierter vorgehen. Deren Handeln ist besonders effektiv, da sie stets bemüht sind, das Richtige zu tun. Jeder Einzelne arbeitet im Einklang von Bauchgefühl und Verstand. Vorgelebte Unternehmensregeln und Prozesse werden hinterfragt, um stets den optimalen Weg für das Projektziel zu finden. Dienst nach Vorschrift gibt es hier nicht!

Sind Sie neugierig geworden? Dann treten Sie jetzt den Weg zum Projekt-Voodoo-Master an und lassen sich zu einem besseren Projektmanagement beflügeln.

Aber zuvor möchte ich Sie noch ein wenig für den Projekt-Voodoo-Leitfaden, quasi das Fundament für alle Projektlagen, sensibilisieren.

1.3 Projekt-Voodoo-Leitfaden: ein Fundament für alle Projektlagen

Manchmal sind die Projektsituationen schon so verworren, dass man sich ein Orakel wünscht. In der Tat, ich habe schon Kollegen erlebt, die in schweren Zeiten anfingen, Ihren morgendlichen Kaffeesatz zu deuten. So weit kann es kommen. Dann wird jedem Rat ein Ohr geschenkt, ob er sinnvoll ist oder nicht.

Die Universallösung, sozusagen die Urformel für alle Projektprobleme, kann ich Ihnen leider auch nicht geben. Aber etwas, was schon verdammt nah dran ist. Etwas, was wie ein Fundament für alle Projektlagen dienen kann, was genial einfach klingt, aber in der Anwendung anspruchsvoll sein wird.

Es ist der Projekt-Voodoo-Leitfaden. Sieben Kernthesen, die man quasi als Denkfundament für alle Projektlagen betrachten kann:

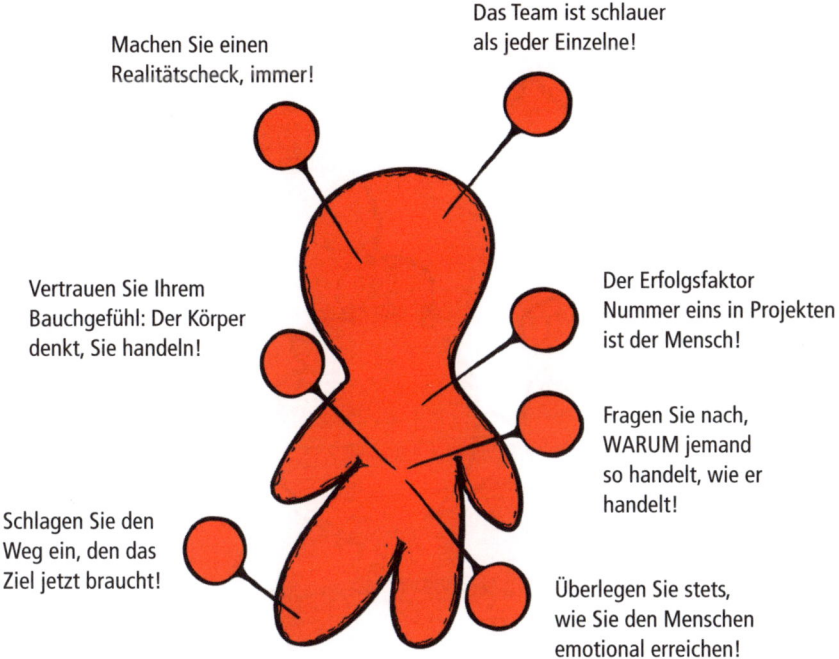

Machen Sie einen Realitätscheck, immer!

Das Team ist schlauer als jeder Einzelne!

Vertrauen Sie Ihrem Bauchgefühl: Der Körper denkt, Sie handeln!

Der Erfolgsfaktor Nummer eins in Projekten ist der Mensch!

Fragen Sie nach, WARUM jemand so handelt, wie er handelt!

Schlagen Sie den Weg ein, den das Ziel jetzt braucht!

Überlegen Sie stets, wie Sie den Menschen emotional erreichen!

Wenn Sie diese Thesen in Ihre Problembetrachtung integrieren, dann garantiere ich Ihnen, dass der Lösungsweg bereits in Sichtweite sein wird.

Im Detail werden die einzelnen Kernthesen in den nächsten Kapiteln Schritt für Schritt erklärt. Diese werden jeweils durch die rote Voodoo-Puppe gekennzeichnet.

Mehr möchte ich an dieser Stelle noch nicht verraten …

Kapitel 2

ZOMBIE-PROJEKTE

2 Zombie-Projekte

Jeder kennt Projekte, die total verfahren sind: Keiner weiß mehr, wo es langgeht, das Ziel ist außer Sicht, immer mehr Meetings bringen immer weniger Ergebnisse, das Team ist womöglich zerstritten und die Deadline bedrohlich nah. Doch nur wer typische Schwachstellen in Projekten kennt, kann dagegen angehen. Beispiele aus der Praxis zeigen deshalb bekannte Horrorszenarien – Zombie-Projekte, die nicht nur durch die Albträume geplagter Projektleiter und -mitarbeiter geistern, sondern leider allzu oft Realität sind.

Unter »Zombie-Projekten« verstehe ich Projekte, die einer äußeren Bedrohung ausgesetzt wurden und dadurch zu »Zombies« mutiert sind. Die vier wichtigsten Bedrohungen lernen Sie in diesem Kapitel kennen:

- die *Besessenheit* (Egal welche Steine im Weg liegen, welche Entscheidungshürden Sie nehmen müssen, verbissen kriechen Sie im Schneckentempo dem Ziel entgegen.),
- den *Fluch* (Wir fangen schon mal an, ist schnell gesagt. Doch Vorsicht, schmerzlich wird Sie diese fatale Entscheidung noch verfolgen. Lange werden Sie sich und all diejenigen, die Sie dazu getrieben haben, noch verfluchen. Wenn Sie das Projekt aufs Geratewohl und ohne Vorbereitung angepackt haben, verlieren Sie schnell den Überblick und Ihre Kontrolle.),
- die *Angst* (Ist Angst und Schrecken Ihr zweiter Nachname? Dann sind Sie in bester Gesellschaft, denn mit so richtig viel Druck spuren einfach alle Beteiligten immer noch am besten! Oder?)
- und den *Stillstand* (Wie ein Blutsauger hat sich das Projekt im Unternehmen festgebissen. Das Projekt lebt und lebt, ohne erkennbaren Erfolg. Und schließlich wird so lange rumgedoktert, bis gar nichts mehr geht. Was nun? Beerdigen oder fortfahren? Wir werden sehen.).

All diese Bedrohungen machen aus einem hoffnungsvollen, »gesunden« Projekt schnell einen fatalen »Zombie«.

Das habe ich am eigenen Leibe erfahren: Direkt nach der Hochschule trat ich meinen ersten Job als Entwicklungsingenieurin in einer mittelständischen Firma an. Die Firma stellt Inspektionsanlagen zur Detektion von Produktionsfehlern her. Bereits nach einem halben Jahr bekam ich mein erstes eigenes Projekt. Ich fühlte mich wie eine Schneekönigin. Mein erstes eigenes Team, meine erste Budgetverantwortung über eine Million Euro – das erste Mal durfte ich richtig führen und delegieren. Die Projektaussichten waren fantastisch und ich konnte es gar nicht erwarten, dass es endlich losging. Beim Start waren die Verhandlungen mit dem Kunden über den Umfang und die Kosten noch nicht abgeschlossen, aber blauäugig, wie ich zu Beginn meiner Karriere war, machte ich mir darüber keine sonderlichen Gedanken. Ich hatte ja ganz andere Probleme. Das soll heißen: Ich musste sozusagen vom Zehn-Meter-Turm springen und mir während des Fluges noch schnell das Schwimmen beibringen. Also las ich jedes Projektmanagementbuch, das ich in die Hände bekam.

Und dann hieß es: »Wir fangen schon mal an. Es ist zwar noch nicht alles geklärt, aber die ersten Tätigkeiten könnten wir ja schon mal ausführen.« »Okay«, sagte ich und startete mit einem vorbildlichen Kick-off. Mein Team bestand aus einem Elektriker, einem Mechaniker, einem Projektingenieur, einem Vertreter der Softwareentwicklungsabteilung und aus mir, in der Doppelrolle als Projektleiter und Produktentwicklungsingenieur. Gleich zu Beginn stellten wir fest, dass alle wichtigen Rahmenbedingungen noch ungeklärt waren. Es fehlten das klare Projektziel, das Budget, der Abgabetermin und die menschlichen wie technischen Ressourcen. Kritisch betrachtet kannten wir nur das grobe Ziel: die Herstellung einer Inspektionsanlage für die Glasproduktion. Diese Anlage sollte Dimensionen ähnlich einem Lkw bekommen und musste während der laufenden Produktion aufgebaut und in Betrieb genommen werden. Die Begeisterung meines Teams hielt sich unter diesen Voraussetzungen und wegen der fehlenden Unterstützung des Unternehmens von Beginn an in Grenzen.

Das Festzurren der Rahmenbedingungen gelang mir mehr schlecht als recht. Die Budgetverantwortung, die mir als Projektleiter offiziell übertragen wurde, gestaltete sich doch etwas anders, als ich mir das vorgestellt hatte: Die Ausgabe jedes einzelnen Cents musste ich mit Argumenten begründen und Anträge dafür stellen. Anschließend folgte der Kampf mit dem Projekteigner um die Genehmigung des Teilbudgets.

Da die Kundenwünsche auch ein halbes Jahr nach Projektstart immer noch nicht konkretisiert waren, behalf man sich damit, die Software aus anderen Projekten zu stückeln. Somit wurde der Programmcode unübersichtlich und unhandlich, aber etwas Sinnvolleres konnte man zu diesem Zeitpunkt nicht tun. Dazu kam, dass die mir zugeteilten Mitarbeiter von ihren Vorgesetzten sukzessive für andere Projekte abgezogen wurden.

Es kam, wie es kommen musste: Das Projekt war bereits nach einem guten halben Jahr festgefahren. Und dabei hatten wir doch gerade erst gestartet. Wir kämpften mit der Hierarchieangst und vor allem mit dem Fluch, dass wir zu früh begonnen hatten.

Mein erstes Zombie-Projekt war geboren und lernte gerade das Laufen!

Hochoffizielle Definition eines Zombies

Zombies sind nach der Definition des französischen Ethnologen Michel Leiris künstlich in den Scheintod versetzte Individuen.[1]

Noch im 18. Jahrhundert wurden von Voodoo-Priestern Menschen mit einem Fluch und einer Prise Voodoo-Pulver in eine Art Scheintod versetzt. Voodoo-Pulver ist ein Nervengift, das dem des japanischen Kugelfisches ähnelt. Einmal eingenommen, lähmt es den Körper. Alle lebenswichtigen Funktionen wie die Atmung und der Herzschlag verlangsamen sich. Das Opfer verfällt in einen komaartigen Zustand. Nach dem Verhexen wurden die Menschen auf rituelle Weise wieder zum Leben erweckt und verbrachten dann den Rest ihres Lebens als Arbeitssklaven. Diese Vorgehensweise war ein profundes Mittel, um an billige Arbeitskräfte zu kommen. Noch im 19. Jahrhundert war die Angst vor dem Scheintod so groß, dass die Hinterbliebenen die Toten unmittelbar nach deren Ableben regelrecht vergifteten und pfählten. Aus dieser Zeit stammt auch unsere heutige Totenwache. Da man absolut sichergehen wollte, dass der Mensch auch wirklich tot ist, dauerte die Totenwache damals erheblich länger.

Zombie-Projekte werden oft von Projektleitern geleitet, die wie willenlose Wesen, deren Seele geraubt wurde, agieren. Einem inneren Antrieb oder eigenen Wünschen gehen diese Projektleiter nicht mehr nach. Sie funktionieren einfach, damit das Projekt läuft. Sie schleppen sich zur Arbeit und tun ihren Job. Es herrscht die allgemeine Meinung vor, dass man sowieso nichts verändern kann.

Aber ist das wirklich so? Wir werden sehen.

2.1 Besessenheit: Unternehmen in Projekttrance

Projekte erleichtern Managern das Führen: Sie müssen die Verantwortung nicht allein übernehmen, die Weisheit der Masse wird es schon richten. Wie schön, wenn sich für jede risikobehaftete Entscheidung ein geeignetes Projektteam findet – Nachfolgeprojekte garantiert, Umsetzung egal.

Dabei sind Manager geradezu davon besessen, dass das Führen durch Projekte die einzig sinnvolle Führungsart ist. Ein inflationärer Umgang mit Projekten erleichtert aber nicht gerade den Entscheidungsprozess in Unternehmen. Damit führen diese Manager ihr Unternehmen in eine Trance, also in eine Art Unternehmensstarre, wo sich nichts mehr bewegen kann. Man könnte diese Unternehmen auch gut mit einem Ameisenhaufen vergleichen. Alle sind hochgradig beschäftigt. Projekte über Projekte. Aber von Zeit zu Zeit tritt jemand in den Ameisenhaufen und das Chaos ist perfekt. Alle wuseln nur noch hektisch umher. Scheinbar ist alles voneinander abhängig und dann auch wieder nicht. Bis hier wieder Ruhe einkehrt, das kann schon lange dauern.

Oftmals wird aber auch durch einen Führungswechsel eine wahre Projektlawine ausgelöst. Das heißt, zu Beginn gibt es mehrere bedeutende Führungswechsel. Echte Macher kommen an Bord und sollen das Unternehmen noch rentabler vorantreiben. Jeder Führungswechsel führt zum Austausch der alten Belegschaft. Ungläubige oder Personen, die der aktuellen Führungskraft nicht durchweg positiv gestimmt sind, werden ersetzt. Anschließend werden die Prozesse an den neuen Führungsstil angepasst. Laufende Projekte erfahren somit erst einmal einen Stillstand. Sie werden auf ihre Sinnhaftigkeit geprüft, was zunächst durchaus plausibel erscheint. Da dies in der Regel aber alle Projekte betrifft, geht in der Projektlandschaft zunächst nichts mehr voran. Gerade für Projektleiter ist eine derartige

Überprüfung mit viel Arbeit verbunden und in der Regel wird der bis dahin geleistete Einsatz nicht besonders wertgeschätzt. Es macht sich das Gefühl breit, dass sie alles falsch gemacht haben. Egal, wie sich der Vorgänger verhalten hat und welche Ideen er eingebracht hat, es wird erst einmal alles infrage gestellt und am besten beerdigt. Die neue Duftmarke muss sich verbreiten.

Jetzt, wenn alles im Umbruch ist, steigt das Ansehen der Projektleiter. Sie sind die Einzigen, die real etwas tun. Somit erweckt es den Anschein, dass nur Projektleiter eine Karrierechance im »neuen« Unternehmen haben. Auch die Zahl der selbst ernannten Projektleiter schnellt in die Höhe. Es kommt zur Projektleiterinflation.

Bleibt der neuen Unternehmensführung durch dieses Handeln keine Luft mehr für Entscheidungen, dann muss sie sich Luft verschaffen. Das heißt in letzter Konsequenz, dass noch mehr Projekte gestartet werden müssen. Diese müssen wiederum durch noch kompliziertere Prozesse geführt und durch Entscheidungsgremien gesteuert werden. Mitunter kann es vorkommen, dass diese Gremien nur alle zwei Wochen tagen und die für die Vorbereitung nötigen Unterlagen sehr früh eingereicht werden müssen. Damit sich das Gremium ausreichend vorbereiten kann, wird der Einreichtermin zwei bis drei Wochen vor den Tagungstermin gelegt. Das bedeutet, der Projektleiter muss noch akribischer planen. Er darf keinen Termin versäumen oder lückenhafte Unterlagen vorlegen. Dies kann fatale Auswirkungen auf die Projektlänge haben.

Dieses Szenario wird Ihnen nicht fremd sein, besonders dann, wenn Sie aus einem Konzernumfeld kommen. Häufig ereilt dieses Schicksal Unternehmen, die kurz zuvor noch ein Start-up mit schnellen und schlanken Prozessen waren. Sie mutieren jetzt zu einem überladenen, langsamen Konzern-Prozessdampfer.

Von außen betrachtet ist dieser Zustand eine mittlere Katastrophe. Man würde am liebsten einmal heftig an den Grundmauern des Unternehmens rütteln wollen, damit alle wach werden.

Zusammengefasst bedeutet dies für das Unternehmen, dass es mit den folgenden Problemen zu kämpfen hat:

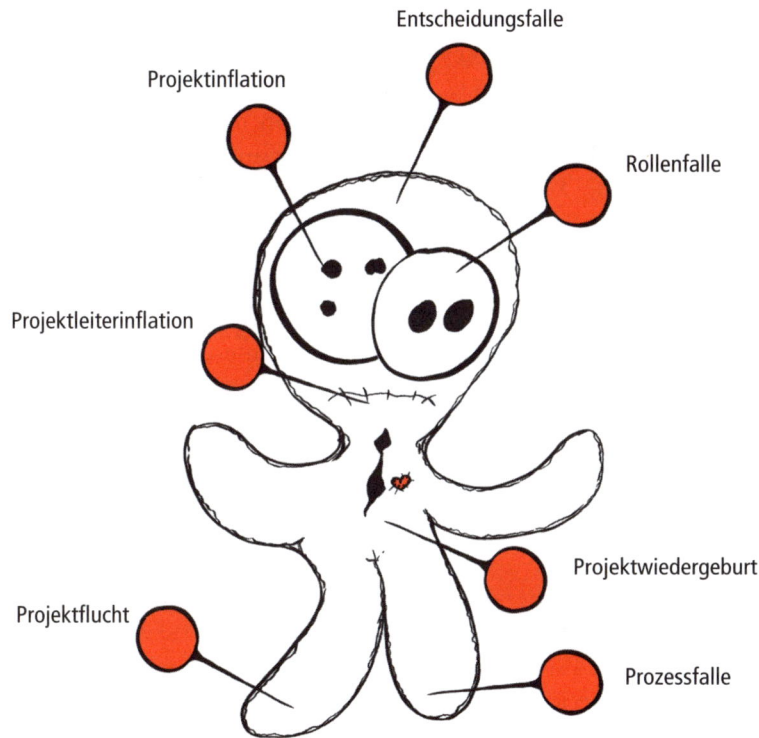

Die oben geschilderten Probleme sind leider in vielen Unternehmen bittere Realität. Die Besessenheit wütet oftmals über Jahre. Keiner traut sich, sich dagegen aufzulehnen und das System zu hinterfragen. Genauer betrachtet bräuchte man jetzt einen Exorzisten. In der Tat, dieses Völkchen trifft man zunehmend in Form von Change-Beratern an. Aber es geht auch anders.

Projektinflation: die wundersame Vermehrung

Man könnte meinen, in irgendeinem geheimen Unternehmenskeller sitzt ein Manager und klont Projekte, so viele gibt es davon.

Sind das wirklich alles Projekte? Und ist wirklich jede noch so kleine Unternehmung ein Projekt? Scheinbar ja, wenn man die bekannte Literatur zurate zieht. Denn hier findet man unterschiedlichste Projekt-Definitionen, und wenn es Unternehmen schlau anstellen, finden sie schon die Definition, die zu ihren Vorhaben passt. Aber diese Vorgehensweise ist nicht zielführend. Das Ziel sollte immer eine saubere und unmissverständliche Abgrenzung zwischen dem Projektgeschäft und der Linientätigkeit, also den Standardtätigkeiten, sein. Ist die Abgrenzung lückenhaft, so kosten die Diskussionen, was denn nun ein Projekt ist und was nicht, wertvolle Energie und Ressourcen. Und die Entscheidungsgremien werden durch zu viele Projektentscheidungen unnötig ausgebremst. Zu guter Letzt geht man somit sein erstes Projektrisiko ein, da es im Voraus nicht planbar ist, wie viel Zeit und Ressourcen diese Abgrenzungsproblematiken kosten werden.

Oftmals geht auch die Meinung um, dass Linientätigkeit »out« und Projektarbeit »in« ist. Von den dadurch geprägten Missverständnissen kann ich ein Lied singen, da ich selber jahrelang einen Linien- sowie einen Projektbereich parallel geleitet habe. Denn jeder Projektleiter, der diese Meinung vertritt, bekommt das, was er verdient: Kommunikationsschwierigkeiten und eine schleppende Zusammenarbeit mit den Linienabteilungen. Nur ein respektvolles Miteinander kann hier Abhilfe schaffen und das Eis zum Schmelzen bringen.

Welche Sichtweisen sind denn dann hilfreich?

Nehmen wir zum Beispiel die Definition der DIN-Norm 69901[2]: Unter einem Projekt versteht die DIN-Norm »ein Vorhaben, das im Wesentlichen durch die Einmaligkeit der Bedingungen in ihrer Gesamtheit gekennzeichnet ist, beispielsweise durch

- die Zielvorgabe
- zeitliche, finanzielle, personelle und andere Begrenzungen
- die Abgrenzung gegenüber anderen Vorhaben
- die projektspezifische Organisation«.

Nichts für ungut, liebe DIN-Norm, und was ist mit den Menschen?

Zäumen Sie doch mal das Projektpferd von hinten auf und stellen Sie sich die zentrale Frage: »Brauche ich dafür wirklich ein Projekt?«

Fragen Sie sich:

- ✓ Hilft mir ein Projekt denn wirklich weiter?
- ✓ Gibt es eine zeitliche Begrenzung und eine definierbare Vor- und Nachprojektphase?
- ✓ Ist es eine einmalige, komplexe und innovative Aufgabe, in der die Ziele eindeutig von den Nicht-Zielen abgegrenzt werden können?
- ✓ Stehen dem Projektvorhaben personelle Ressourcen zur Verfügung?
- ✓ Gibt es eine saubere Abgrenzung gegenüber den Linien- (Routine-)Tätigkeiten?
- ✓ Was wären die drei größten Nutzen und die drei größten Schwierigkeiten, wenn man das Thema als Projekt aufsetzen würde?

Und nun ändern Sie die Perspektive und stellen die Frage:

 **»Warum will das Management, dass das an mich heran-getragene Thema ein Projekt wird?«**

Verschaffen Sie sich mit den nachfolgenden Fragen eine eindeutige Übersicht, ob Sie es wirklich mit einem Projekt zu tun haben.

Fragen Sie sich:

- ✓ Entpuppt sich das Thema nicht eher als blinder Aktionismus des Managements?
- ✓ Heißt das Thema nicht nur »Projekt«, damit es die Aufmerksamkeit bekommt, die es zur termingerechten Fertigstellung braucht?
- ✓ Kommt das Thema als »Projekt« getarnt an den Linienbereichen vorbei?
- ✓ Bekommt das Thema nur als »Projekt« das notwendige Budget?
- ✓ Erhält das Thema nur so Ressourcen bzw. das Wunschteam?

Wenn Sie auch nur einen dieser Punkte mit »Stimmt« beantwortet haben, dann stellen Sie sich darauf ein, dass das Zombie-Projekt Ihnen bereits auf den Fersen ist. Überlegen Sie, wie Sie den Zombie wieder begraben können, bevor er Macht über Sie und Ihr Projekt bekommt.

Mit der Betrachtung der Projektbedingungen, nämlich des Nutzens und der Zwänge, bekommen Sie eine klarere Sicht auf das Projektvorhaben und können so Ihrem Projektpferd die Sporen geben, gegebenenfalls das Vorhaben aber auch in eine andere Form der Abarbeitung lenken. In jedem Fall sind Sie so für alle Diskussionen gewappnet, besonders dann, wenn wieder die »Projektiritis« zuschlägt. Ganz konkret heißt das: Lassen Sie sich nicht instrumentalisieren. Sie sind kein Zombie!

 **Themen, die kein Projekt sind, sollten auch nicht als Projekt durchgeführt werden.**

Somit bekommen Sie wieder eine natürliche Regulierung des Projektverständnisses.

Projektleiterinflation: das Schneeballsystem

Der Begriff des Projektleiters wird inflationär benutzt.

Haben Sie schon mal in den Bergen eine Lawine erlebt? Eine kleine Schneeflocke kann zu einem großen Schneeball heranwachsen. Wenn dieser Schneeball unter bestimmten Bedingungen ins Rutschen kommt, dann erzeugt er eine Lawine, die alles mit sich reißt, was ihr im Weg steht: den Wald, die Hütten und die Häuser, die Tiere und die Menschen. Diese Lawine legt den Berg und sein Umland lahm. Wenn wir unseren Blick wieder auf das Unternehmen richten und wir überall Projektleiter haben, die mit jedem alles besprechen müssen und wo jeder auf jeden warten muss, dann braucht es nicht viel, damit die Unternehmenslawine ins Rutschen kommt. Es geht nichts mehr. Das Chaos ist vorprogrammiert.

Lassen Sie sich nicht vereinnahmen. Nehmen Sie die Nadeln in die Hand!

Seien Sie im Sinne des Unternehmens »unbequem« und hinterfragen Sie das Projektaufkommen. Macht es wirklich Sinn, so viele Projekte zu haben? Wenn sich die Anzahl der Projekte auf ein gesundes Maß reduziert und Manager wieder erkennen, dass es auch noch andere Formen der Führung gibt, dann reguliert sich die inflationäre Verwendung des Begriffs »Projektleiter« wie von selbst.

Hierfür ist aber auch ein wertschätzendes Umdenken zur Betrachtung der restlichen Belegschaft vonnöten. Die Linienorganisation ist nicht die störende Masse, sondern das Fundament des Unternehmens. Die Linienorganisation sorgt dafür, dass tagein, tagaus die Systeme und die Produktion störungsfrei laufen.

 **Sorgen Sie als (Projekt-)Manager für die Anerkennung der Linientätigkeit und für ein respektvolles Miteinander.**

Jeder sollte, ob er nun dem einen oder dem anderen Lager ange-
hört, wertschätzend mit seinen Kollegen umgehen. Gerade Projektleiter können hier selbst die Weichen stellen, ob im Unternehmen die
Linienbereiche wieder einen Wert darstellen.

Wenn beide Bereiche auf Augenhöhe agieren, dann kann jeder die
Tätigkeit ausführen, die auch wirklich zu ihm passt. Dann ist es auch
nicht chic, den Titel »Projektleiter« als Trophäe zu tragen. Die Anzahl
der Projektleiter wird sich automatisch reduzieren.

Rollenfalle: Bin ich nun der Master oder nicht?

Kennen Sie die folgenden Projektleiteraussagen?

- »Unsere Prozesse machen uns langsam.«
- »Unsere Entscheidungsbefugnisse als Projektleiter sind stark
  eingeschränkt.«
- »Durch das zentrale Entscheidungsgremium werden Entscheidungen nur verzögert. Der Mehraufwand aufseiten der Projektleiter steigt ins Unermessliche.«
- »Unsere Führung versteckt sich hinter den Prozessen.«

Da hilft kein Jammern und kein Klagen, da hilft nur, die Sichtweise
zu ändern.

Sicherlich haben Sie mit einer Fülle an Vorgaben und Prozessen zu
kämpfen, aber können Sie nicht auch ab und zu an die Alternativen
denken? Bitte verstehen Sie mich hier nicht falsch. Es geht nicht darum, krumme Dinge zu drehen. Wenn Sie das tun, sind Ihre Tage als
Projektleiter gezählt. Es geht vielmehr darum, das Richtige zu tun:
weiter zu denken als Ihr Umfeld und die richtigen Weichen zu stellen.

Schauen wir uns als Erstes die Rolle des Projektleiters an, die sich
mit den Attributen »Verantwortung«, »Hol- und Bringschuld« gut
beschreiben lässt.

Als Projektleiter verantworten Sie das Projekt gegenüber dem Projektumfeld, Ihrem Projekteigner, Ihrem Projektteam und vor allem gegenüber dem Unternehmen. Man könnte auch noch weiter gehen und sagen: Sie verantworten das Kundenerlebnis. Das heißt, mit Ihrem Projektergebnis sorgen Sie für Umsatz, Wohlwollen gegenüber dem Unternehmen und letztendlich für Ihren Arbeitsplatz. Dabei ist es egal, ob es sich um einen unternehmensinternen oder -externen Kunden handelt.

Als Projektleiter haben Sie in den meisten Fällen eine Holschuld. Das heißt, Sie müssen sich darum kümmern, dass Sie alle Informationen bekommen, die Sie zur Leitung des Projekts benötigen. Diese Holschuld richtet sich sowohl nach oben, also zum Management, als auch nach unten, zum Projektteam.

Als Projektleiter haben Sie aber auch eine Bringschuld gegenüber Ihrem Management und Ihrem Team. Besonders dann, wenn es um Informationen und Entscheidungen geht.

Als Projektleiter sind Sie auch eine Führungskraft, allerdings eine besondere, denn in vielen Fällen haben Sie keine disziplinarische Weisungsbefugnis. Das heißt, Sie dürfen Ihrem Team Anweisungen geben, aber es disziplinarisch nicht zur Rechenschaft ziehen. In dem Wort disziplinarisch steckt das Wort Disziplin. Das bedeutet, dass Sie für die notwendige Projektdisziplin sorgen müssen, selber aber niemandem die Ohren langziehen dürfen, egal, wie dynamisch das Projekt im Unternehmen läuft.

Und als Projektleiter haben Sie einen eigenen denkenden Kopf, der Sie weiter bringen kann als nur zu einem Abarbeiter der Regeln und Vorschriften. Wie das? Umdenken heißt hier die Devise. Entwickeln Sie Ihre eigenen Projektumsetzungsstrategien.

 **Überlegen Sie sich, welche Wege Sie zum Ziel führen könnten. Welche Alternativwege gibt es? Werden Sie zum Querdenker in eigener Sache!**

Holen Sie sich Ihren Voodoo-Thron wieder zurück. Sie haben alle Befugnisse. Setzen Sie diese mit Köpfchen ein. Beweisen Sie, dass Sie kein Zombie sind.

Prozessfalle: die dunkle Seite der Macht

Entwickeln Sie Ihre eigene Strategie der Prozessbeschleunigung!

Sie haben es selbst in der Hand, wie viele und wie wenige Checklisten und Projektdokumentationen Sie anfertigen. Bei Projektprozessen muss man immer im Hinterkopf haben, dass diese für alle Formen der Unternehmensprojekte gelten sollen, auch wenn Ihr Projekt anders verläuft oder einen deutlich kleineren Umfang hat. Benutzen Sie immer dann, wenn es aus Ihrer Sicht keinen Sinn macht, bestimmte Prozesse und Dokumentationen einzuhalten, die *Managementmethode des Tailoring*. Tailoring bedeutet Anpassen und Zurechtschneiden.

 **Tailoring: Passen Sie Ihre Prozesse und Dokumentationen nach Rücksprache mit dem Management und Ihrem Team an.**

Aber bitte überlegen Sie genau, wann und wie Sie das Tailoring verwenden. Denn ein Umkehren auf dem eingeschlagenen Prozessweg kommt vor dem Topmanagement nicht gut. Dokumentieren Sie die Gründe für die Anpassungen und deren Entscheidung für die Projektnachwelt, damit im Nachgang keine bösen Fragen aufkommen.

Mit dieser Methode sorgen Sie für Ihren eigenen Prozess oder zumindest für eine für Sie optimierte Prozessvariante. Dadurch zeigen Sie, dass Sie selbstständig denken und handeln können. Und vor allem sorgen Sie mit der Strategie der Prozessbeschleunigung für neidische Blicke vonseiten Ihrer Projektkollegen, die immer noch wie die Zombies brav alle Formulare ausfüllen.

Entscheidungsfalle: Ein dreifaches Hoch auf die Bürokratie!

Entwickeln Sie Ihre eigene Strategie, um mehr Entscheidungsbefugnis zu bekommen! Denn »beim Thema Budget hört der Spaß auf«, lautet die gängige Meinung des Managements.

Manchmal ist es schon witzig. Da haben Sie die Verantwortung für ein Millionenprojekt bekommen und wenn Sie dann etwas bestellen wollen, was nur einem Bruchteil dieser Verantwortung entspricht, dann steht Ihnen die alte Organisation mit ihrer Bürokratie im Weg. Da helfen nur das aktive Ansprechen dieser Diskrepanz und das Darstellen des Widerspruchs. Gerade das Management sieht solche »Banalitäten« nicht mehr und ist dankbar für alternative Vorschläge. Wenn im Vorfeld schon entsprechende Absprachen getroffen werden, erübrigen sich oft zeitfressende Diskussionen. Deshalb nun mein absoluter Geheimtipp zum Thema Budget:

Definieren Sie mit dem Management drei Budgetgrenzen, die alle wichtigsten Fälle abdecken.

- 1. Grenze: Bis zur ersten Grenze dürfen Sie selbstständig entscheiden und verfügen.
- 2. Grenze: Bis zur zweiten Grenze führen Sie das *Vier-Augen-Prinzip* durch. Das heißt, ein Projektleiterkollege muss Ihrer geplanten Geldausgabe schriftlich zustimmen.
- 3. Grenze: Ab der höchsten Budgetgrenze müssen alle Entscheidungen durch das Management genehmigt werden.

Natürlich müssen Sie zusammen mit dem Unternehmenscontrolling, so wie ein kleines Unternehmen, eine Aufstellung über Ihre Ausgaben machen. Diese sollten regelmäßig, zum Beispiel quartalsweise, vom Management gesichtet werden. So kann das Management sichergehen, dass Sie sich nicht langsam, aber sicher eine schöne Bleibe im Voodoo-Paradies Haiti zaubern.

Sie sollten aber auf keinen Fall verpassen, darauf hinzuweisen, dass Sie durch Ihre Anregung das Management erheblich entlasten, was Ihnen auf jeden Fall einen Sympathiebonus einbringen wird.

 **Entwickeln Sie Ihre eigene Strategie zur Vermeidung von Entscheidungsengpässen. Schlagen Sie den Weg ein, den das Ziel gerade braucht.**

Ich weiß genau, was Sie jetzt sagen wollen. Sie müssen Entscheidungsvorlagen ausfüllen, Einreichfristen akzeptieren und die Form wahren. Ist das wirklich so? Gibt es nicht auch Alternativen?

Natürlich! Schrauben Sie an den drei Projekträdchen, die für Sie als Projektmanager besonders naheliegend sind.

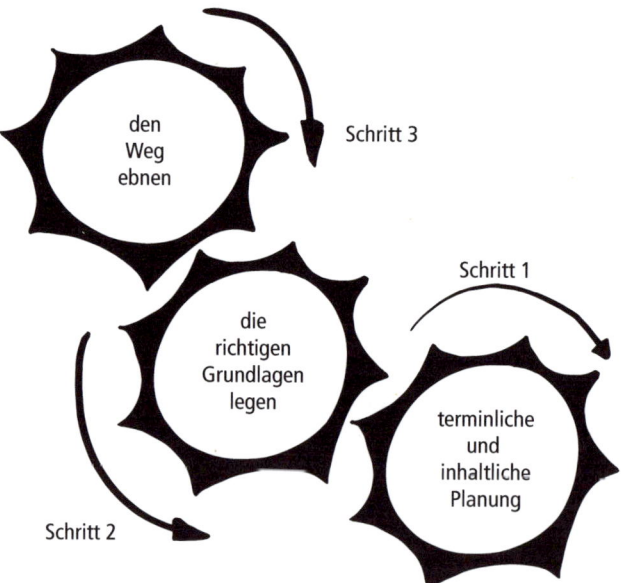

terminliche
und
inhaltliche
Planung

Schritt 1: die Entscheidungstermine

Erstellen Sie eine äußerst penible Planung darüber, wann Entscheidungen im Projekt wahrscheinlich anfallen werden und wann Sie welche Schritte dafür tun müssen.

Diese Termine gehören in Ihren Meilensteinplan und sollten stets kontrolliert werden. So verpassen Sie keine Termine und kommen nicht mehr in zeitliche Engpässe.

Darüber hinaus erfassen Sie noch die wichtigsten Abwesenheitstermine der Hauptentscheider wie etwa Urlaub, Feiertage inklusive Brückentage, Managementkonferenzen, Hauptversammlungen etc.

Und nun ergänzen Sie Ihre Meilensteinplanung noch um wichtige externe Ereignisse, also Ereignisse, die mit großer Wahrscheinlichkeit das Management Zeit kosten werden, wie zum Beispiel die für Ihr Unternehmen wichtigen Messen (CeBIT, IAA etc.), den Startpunkt des Weihnachtsgeschäfts und was Ihnen sonst noch einfällt.

Schauen Sie über den Tellerrand und planen Sie die Termine, die die Entscheidung beeinflussen können.

Planen und erfassen Sie akribisch folgende Termine:

- Projektentscheidungen
- Abwesenheitstermine der Hauptentscheider
- externe Unternehmensereignisse

Jetzt können Sie aus Ihrer Planung herauslesen, wann es vermutlich zu Engpässen im Entscheidungsgremium kommen wird. Zukünftig können Sie weitsichtiger handeln und diese Ballungszeiten einfach umschiffen.

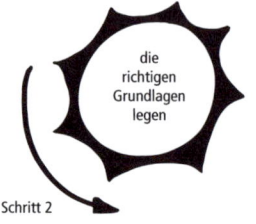

die richtigen Grundlagen legen

Schritt 2

Schritt 2: die Entscheidungsvorlage

Sie haben es in der Hand.

Sorgen Sie für eine interpretationsfreie Entscheidungsvorlage, die auch Alternativvorschläge beinhaltet.

Konkret bedeutet dies, dass Sie den Sachverhalt kurz, interpretations- und »prosafrei«, also schnörkellos, darstellen. Runden Sie Ihre Vorlage mit einer Handlungsaufforderung und einer Entscheidungsempfehlung ab.

Zusätzlich sollten Sie *alternative Entscheidungsempfehlungen* darstellen, damit ersichtlich wird, dass Sie das Thema rundum durchdrungen haben.

Ziel sollte es sein, dass Ihre Entscheidungsvorlage ohne Ihr Mitwirken, allein nur auf Grundlage des dargestellten Sachverhalts, zur Entscheidung führt.

Um Ihre Entscheidungsempfehlung auf ein stabiles Fundament zu stellen beziehungsweise um diese überhaupt auszuarbeiten, hat sich die *angepasste SWOT-Analyse* als ein bewährtes Werkzeug erwiesen. Mit der SWOT-Analyse können Sie die Stärken (Strengths), Schwächen (Weaknesses), Chancen / Möglichkeiten (Opportunities) und die Risiken / Bedrohungen (Threats) in Bezug auf Ihre Handlungsempfehlung identifizieren, konsolidieren und übersichtlich darstellen. Am einfachsten geht dies, wenn Sie eine SWOT-Matrix, wie unten dargestellt, aufstellen.

Für die Analyse der Stärken und der Schwächen in Bezug auf Ihre Entscheidungsempfehlung betrachten Sie diese in der Gegenwart und richten Ihren Blick auf das Projekt.

Beantworten Sie folgende Fragen:

Stärken:
- ✓ Warum hilft diese Empfehlung dem Projekt?
- ✓ Welchen internen / externen Kundennutzen hat die Empfehlung?
- ✓ Welche Stärken können Sie bei der Empfehlungsumsetzung nutzen?

Schwächen:
- ✓ Was fehlt Ihnen, um mit Ihrer Empfehlung erfolgreich zu sein?
- ✓ Gibt es interne / externe Kunden, die mit der Empfehlung nicht zufrieden sein werden?

Für die Analyse der Chancen und der Risiken in Bezug auf Ihre Entscheidungsempfehlung betrachten Sie diese in der Zukunft und richten Sie Ihren Blick in das Projektumfeld, in Ihr Unternehmen und nach Extern.

Chancen:
- ✓ Welche neuen Chancen, Produktfelder, Fähigkeiten und welchen Gewinn könnte das Unternehmen durch diese Entscheidung wann erhalten?

Risiken:
- ✓ Welche Risiken würden durch Ihre Entscheidungsempfehlung das Unternehmen und das Projekt wann bedrohen?

Um die Lücken und Widersprüche Ihrer Entscheidungsvorlage zu erkennen, ist es besonders hilfreich, die Entscheidungsvorlage aus der Sicht des Entscheiders zu lesen. Damit es nicht zu zeitraubenden Abstimmungsschleifen zwischen Ihnen und den Entscheidern kommt, sollten Sie Ihre Entscheidungsvorlage auf Herz und Nieren prüfen. Am einfachsten geht das, wenn Sie die Rolle eines wohlwollenden sowie eines unwilligen Entscheiders einnehmen und Ihre Unterlagen dahingehend interpretieren. Alternativ oder auch ergänzend können Sie Ihre Entscheidungsvorlage von einem Fachfremden lesen lassen. Versteht der Fachfremde, was Sie wollen? Wirklich? Wenn ja, dann haben Sie den ersten Schritt zum Voodoo-Master schon geschafft.

Entscheidungsvorlagen-Checkliste
- ✓ Ist Ihre Entscheidungsvorlage kurz, interpretations- und »prosafrei« geschrieben?
- ✓ Geben Sie eine Entscheidungsempfehlung und entsprechende Alternativen?
- ✓ Basiert Ihre Entscheidungsempfehlung auf einer SWOT-Analyse?
- ✓ Haben Sie einen Quercheck aus der Sicht des Entscheiders gemacht?
- ✓ Kann ein Fachfremder Ihre Empfehlung verstehen?
- ✓ Kann Ihre Entscheidungsempfehlung ohne Nachfragen des Entscheiders, allein auf Basis Ihrer Darstellung, zur Entscheidung führen?

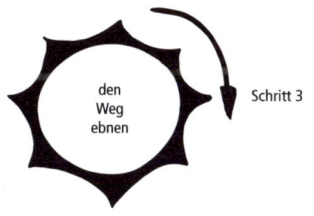

den
Weg
ebnen

Schritt 3

Schritt 3: die Entscheidungsvorbereitung

Sorgen Sie persönlich dafür, dass Ihrer Entscheidung nichts im Wege steht und dass das Entscheidungsgremium im Vorfeld bereits bestens informiert ist.

Aus Schritt 1 haben Sie sich alle wichtigen Termine Ihrer Entscheider notiert. Nun wissen Sie, wann Sie Ihre Entscheider persönlich am besten antreffen können.

Bei besonders weitreichenden oder dringenden Entscheidungen empfiehlt es sich, die einzelnen Entscheider im Vorfeld darauf vorzubereiten. Bieten Sie ihnen die Gelegenheit, den Sachverhalt vorab persönlich darzustellen, damit offene Fragen bereits geklärt werden können.

Halten Sie Ihren Entscheidern bei dieser Informationsweitergabe aber nicht die Pistole auf die Brust. Eine Aufforderung zur sofortigen Entscheidung würde das aufgebaute Vertrauen missbrauchen. Außerdem könnten Sie so die Entscheider gegeneinander ausspielen.

Mit der reinen Informationsweitergabe geben Sie Ihrem Entscheider den notwendigen Freiraum, seine Entscheidung gut zu treffen und ausgiebig zu reflektieren. Damit erweisen Sie Ihren Entscheidern Ihren Respekt und zeigen, dass sie Ihnen wichtig sind.

Bereiten Sie Ihre Entscheider auf die anfallende Entscheidung vor.

Projektflucht: die Vogel-Strauß-Taktik

Keiner, weder die Führung noch die Projektleitung, übernimmt mehr Verantwortung. Schön, dass man sich als Manager in der Managermasse verstecken kann. Irgendjemand oder irgendein Prozess wird uns schon die Entscheidung abnehmen.

Und wenn das Management nicht entscheiden kann oder will, wie zum Beispiel bei Budgetengpässen, dann werden in der Regel die Entscheidungshürden nach oben geschraubt. Man flüchtet in die Projektorganisation in der Hoffnung, dass irgendwo in den vielen Projektentscheidungsgremien das Thema schon entschieden oder aber auch beerdigt werden wird.

Das Phänomen, dass man sich bei wichtigen Entscheidungen gerne hinter der Masse versteckt, ist bekannt und wird durch das Verinnerlichen des »Social-Media-Verhaltens« noch verstärkt. Frei nach dem Motto: »Die Masse wird es schon richten.« Wenn wir heute etwas kaufen, dann schauen wir auch als Erstes, was die führenden Internetportale zu diesem Produkt sagen. Facebook zeigt uns die »Likes« und am besten noch die Gleichgesinnten.

Heute werden Entscheidungen auf viele Schultern verteilt. Warum soll es da dem Management anders gehen. Auch die oberen Führungskräfte sind verunsichert. Entscheidungswilliges Management nach alter Schule gibt es nur noch selten. Üblicherweise lässt man erst Mitzeichnungsumläufe starten, bevor das Topmanagement eine Entscheidung fällt. Auf diese Weise kann man genau verfolgen, welche der Manager dafür oder dagegen gestimmt haben und welche Kommentare abgegeben wurden.

Aber auch hierfür gibt es eine Voodoo-Nadel. Die zuvor dargestellte Strategie zur Vermeidung von Entscheidungsengpässen mit ihren drei Schritten ist auch hier die beste Wahl.

Minimieren Sie durch eine gute Informationslage die Angst des Managements. Es wird Ihnen mit einer schnellen Entscheidung danken.

Helfen Sie dem Management mit einer optimalen Entscheidungsvorlage und einer zeitschonenden Vorabinformation. Somit minimieren Sie die Projektflucht des Managements und kommen Ihrem Projektziel sukzessive näher.

Projektwiedergeburt: alle Jahre wieder

Es ist egal, ob man das Projektziel erreicht, denn zur Not wird ein neues Projekt aufgesetzt.

Gerade in Konzernen wird oft nicht jeder Cent umgedreht. Auch haben dort Bereichsbarone noch öfters das Sagen als in jungen, frischen Unternehmensstrukturen. Deshalb kann man in Konzernen immer wieder beobachten, dass Lieblingsprojekte, die zu Zombies mutiert sind, jährlich neu aufgesetzt werden.

Auch hier kann ich nur im Sinne des Unternehmens zum Umdenken aufrufen. Ändern Sie die Sichtweisen.

Hinterfragen Sie diese Projekte. Nutzen Sie dabei die Projektinflations-Fragenliste für mehr Projektklarheit.

Fragen Sie sich, wer im Management einen wahren Nutzen an der Projektwiedergeburt hat!

Lassen Sie sich nicht die Nadeln in den Hintern piksen. Stechen Sie zu und trauen Sie sich, eine Veränderung einzuleiten.

Kompakt

Wo tut es am meisten weh?

Das Wichtigste für Sie ist es, nun schnell wieder ins eigenverantwortliche Handeln zu kommen und selber die Zügel wieder in die Hand zu nehmen. Suchen Sie konkret nach Ihrem Problem und setzen Sie dann die Nadeln in die Wunde. So geht es direkt in die Lösung.

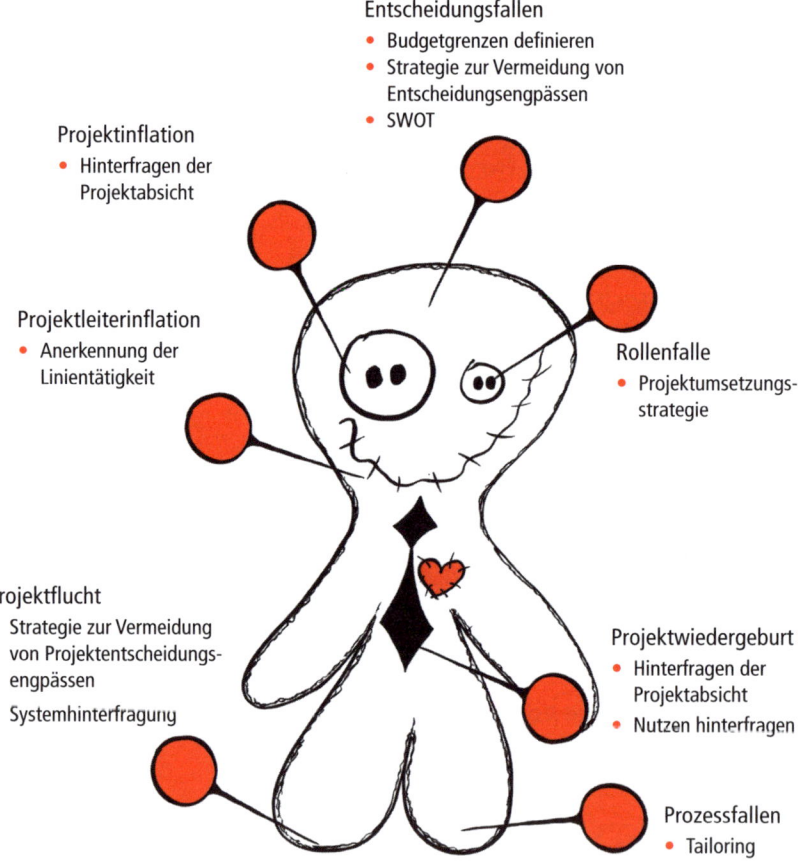

Entscheidungsfallen
- Budgetgrenzen definieren
- Strategie zur Vermeidung von Entscheidungsengpässen
- SWOT

Projektinflation
- Hinterfragen der Projektabsicht

Projektleiterinflation
- Anerkennung der Linientätigkeit

Rollenfalle
- Projektumsetzungsstrategie

Projektflucht
- Strategie zur Vermeidung von Projektentscheidungsengpässen
- Systemhinterfragung

Projektwiedergeburt
- Hinterfragen der Projektabsicht
- Nutzen hinterfragen

Prozessfallen
- Tailoring

Gerade die Projekttrance ist etwas, was über Jahre gewachsen ist. Das komplette Erwachen aus der Trance wäre etwas vermessen. Dafür braucht man schon einen großen Zauber. Und Sie stehen ja noch am Anfang Ihres Weges zum Projekt-Voodoo-Master. Aber Sie sollten auf jeden Fall dranbleiben. Wer weiß, manchmal gehen Wünsche ja auch in Erfüllung.

Projekt-Voodoo-Tipp

Als Projektleiter ist es besonders wichtig, alle Regeln und Vorschriften des Unternehmens für das Projektgeschäft zu kennen. Aber Sie sind nicht nur ein ausführendes, sondern auch ein denkendes Wesen. Nutzen Sie Ihre Fähigkeiten und überzeugen Sie dadurch, dass Sie um die Ecke denken können.

 **Das Problem ist nicht das Problem. Das Problem ist Ihre Sichtweise. Ändern Sie diese!**

Gehen Sie Ihren eigenen Weg und werden Sie zum Projekt-Voodoo-Master in eigener Sache. Behandeln Sie Ihr Umfeld wertschätzend und respektvoll, dann wird Ihnen das Gleiche widerfahren.

Sie haben es in der Hand, wie schnell und wie gut Sie aus der Projekttrance herauskommen. Dann wird Ihnen diese Besessenheit keinen Schrecken mehr einjagen.

2.2 Fluch: Wir fangen schon mal an

Viele Projekte stehen von Anfang an unter schlechten Vorzeichen: fehlende und unrealistische Ziele, mangelndes Budget, enger Zeitrahmen, kein personell ausreichendes Team. Auch wenn noch nichts klar ist, fängt man schon einmal an.

Verantworten Sie vielleicht ein zentrales Softwaresystem oder eine Kernkomponente, ohne die in der Industrie nichts mehr geht? Dann können Sie sicherlich ein Lied von folgendem Zombie-Projekt singen!

Immer dann, wenn Sie mit Ihrem Projekt der Erste sind, der Ergebnisse liefern muss, oder alle anderen Produkte Ihre Komponente benötigen, dann hängt ein Fluch über den Projekträumen: »Wir fangen schon mal an!« Kaum ist dieser Satz ausgesprochen, beißt sich auch schon der Projektleiter der Kernkomponente auf die Zunge. So voreilig seine Projektzustimmung zu bekunden, endet fast immer in einem Desaster. Menschenopfer sind garantiert.

Das Drama kann beginnen. Ohne klare Ziele werden schnell Experten oder Möchtegern-Experten an einen Tisch gebracht. Diese brainstormen, was das Moderationsequipment hergibt. Die Projektplanung wird zwischen Tür und Angel erstellt. Meist hängt in der Luft ein gewisser Duft von Tatendrang. Frisch in die Hände gespuckt überbringt man die grob abgeschätzte Ressourcen-, Zeit- und Budgetplanung dem Management. Dieses freut sich schon über die durchaus überschaubaren Zahlen. Dass es sich dabei nur um eine grobe Projektbetrachtung handelt, ist dem Management voll und ganz bewusst. »Aber mehr braucht man in der Regel nicht. Jede Minute, die man einem Projektleiter mehr Zeit gibt, wird es um den Faktor X teurer, aufwendiger und unlösbarer«, ist die allgemeine Managermeinung. Deshalb stimmt das Management gerne schnell zu und lässt sich ein Hintertürchen offen, indem es bekundet, dass man sich später um die

Detailplanung kümmern sollte. Wichtig ist, dass man jetzt erst einmal zügig anfängt.

Immer wenn ich solchen Projekten begegne, dann habe ich das Gefühl, allen anderen Projekten, die von dem zuerst gestarteten Projekt abhängig sind, geht es zunächst einmal viel besser. Man hat den schwarzen Peter, oder besser gesagt die Voodoo-Puppe, weitergegeben. Nun muss das Projekt, welches als Erstes Ergebnisse liefern muss, erst einmal schwitzen. Das eigene Projekt kann durchatmen und der Druck wird deutlich erträglicher. Schließlich hat man ja Zeit gewonnen. Dabei stehen alle Projekte am Anfang und allen fehlen die gleichen Grundlagen und das gleiche Ziel. Den hohen Grad der Abhängigkeit zwischen den einzelnen Projekten sieht keiner. Das ist fatal.

Aber es kommt noch schlimmer. Wenn die abhängigen Projekte neue Ziele definieren, dann muss das Kernprojekt ebenfalls neu definiert werden. Oftmals sickern die neuen Ziele aber gar nicht bis zum Kernprojekt durch. Meistens knallt es dann in der Testphase und es geht gar nichts mehr. Dann ist das Geschrei groß. »Ach, hätten wir doch nur, ... und du bist schuld«, sind die Lieblingsvorwürfe der duellierenden Projektleiter.

Nüchtern betrachtet bedeutet dies, dass die wichtigsten Rahmenbedingungen zu Projektbeginn nicht definiert werden. Ziele werden nur halbherzig oder gar nicht konkretisiert. Das Budget wird nur grob abgeschätzt. Eine valide Zeitplanung ist mangels Ziel und der Definition der Projektqualität nicht möglich. Und bei den Ressourcen nimmt man erst mal die, die gerade Luft haben oder abgestellt werden. Da sich die Kollegen meistens ohnehin kennen, verzichtet man zudem zugunsten des knappen Zeitrahmens auf ein Projekt-Kick-off. Das Projekt-Kick-off ist das Meeting, in dem sich die Projektmitarbeiter untereinander beschnuppern können und in dem die genauen Projektziele sowie der Projektablauf verkündet werden. Und weil sowieso alles unklar ist, fällt auch das Anforderungsmanagement eher spärlich aus. Sobald die Ziele klarer sind, kann man die Anforderungen schließlich nachdefinieren, so die gängige Praxis.

Kurzum: Wenn Sie als Projektleiter ein solches Projekt starten, dann können Sie auch gleich auf Kosten des Projektbudgets Ihre eigene Grabschaufel kaufen.

Die Startphase, in der das Projekt im Detail geplant wird, ist die wichtigste Phase, das haben Sie sicherlich schon irgendwo gehört. Aber was tut man, wenn diese Erkenntnis dann eintrifft, wenn man die Startphase quasi gerade hat verpuffen lassen? Wenn mich der Fluch »Wir fangen schon mal an« gerade eiskalt getroffen hat? Jetzt heißt es schnell handeln. Je länger Sie warten, desto mehr blockiert Sie der Fluch in Ihren freien Handlungs- und Entscheidungsmöglichkeiten. Und das führt zu folgenden Erscheinungen:

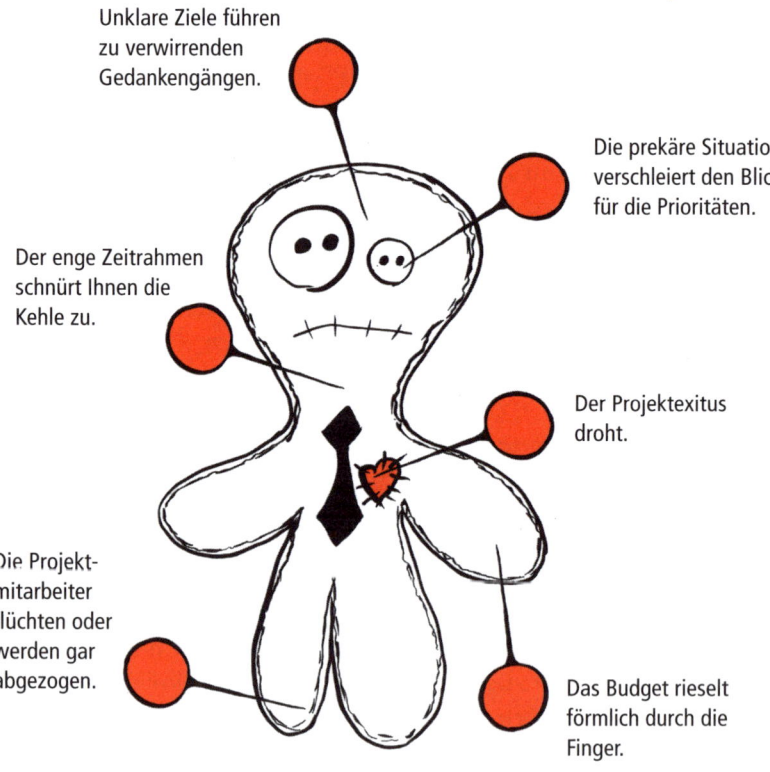

Unklare Ziele führen zu verwirrenden Gedankengängen.

Die prekäre Situation verschleiert den Blick für die Prioritäten.

Der enge Zeitrahmen schnürt Ihnen die Kehle zu.

Der Projektexitus droht.

Die Projektmitarbeiter flüchten oder werden gar abgezogen.

Das Budget rieselt förmlich durch die Finger.

Damit der Fluch nicht Macht über Sie gewinnt, zeige ich Ihnen, wie Sie die wichtigste Projektphase mit vereinten Projekt-Voodoo-Kräften meistern können.

 **Das Allerwichtigste zuerst: Nehmen Sie sich, auch wenn das Projekt schon im fortgeschrittenen Zustand ist, die Zeit, die Sie brauchen, um es grundsolide aufzusetzen.**

Stoppen Sie alle Ihre Aktivitäten und nehmen Sie sich die Zeit, die Ihnen zu Beginn nicht gewährt wurde. Dabei sollten ein bis maximal zwei Tage ausreichen. Ziehen Sie auch die Personen aus dem aktuellen Projektgeschehen hinzu, die Sie benötigen, um das Projekt neu zu planen.

Falls das Management Ihr aktuelles Vorhaben nicht ganz nachvollziehen kann, stellen Sie kurz dar, wie Sie und das Projektteam vom Fluch gepackt wurden. Geben Sie zu, dass Sie vor lauter Voodoo-Nadeln die Voodoo-Puppe nicht mehr sehen. Und zögern Sie nicht, denn je länger Sie in dieser Situation verweilen, desto geringer ist die Chance, dieses Chaos zu entwirren. Es geht Ihnen als Projektleiter, Ihren Projektauftraggebern und nicht zuletzt auch Ihrem Unternehmen an den Kragen.

Da es nun schnell gehen muss, rate ich Ihnen, Projekt-Voodoo-Nägel mit Köpfen zu machen! Licht ins Dunkel bringen Sie mit einem »Projekt-Voodoo-Zieleworkshop«, dessen Themen ich Ihnen in den nächsten Kapiteln vorstelle.

Veranstalten Sie in einem engen Kreis mit Ihren Projektschlüsselpersonen einen eintägigen Workshop. Maximal fünf Personen ergeben eine tatkräftige Gruppe. Ziel ist es, in diesem Workshop schnellstmöglich dem Projekt den Fluch zu nehmen. Dabei sollten folgende Themen geklärt werden:

- Projektziele und Nichtziele des Projekts
- Projektumfeldanalyse

- Ermittlung des benötigten Budgets
- Aufstellung eines Zeitplans
- Definition der Projektergebnisqualität
- Ermittlung der benötigten Ressourcen
- Klärung der Verantwortlichkeiten und Abhängigkeiten untereinander
- Erstellen von Richtlinien für das Anforderungsmanagement
- Realitätscheck, also der Abgleich zwischen dem Soll- und Ist-Stand
- Entscheidungsvorlage für das Management
- Einforderung eines Projektvertrags

Diese Themen wollen wir nun genauer unter die Lupe nehmen.

Ziele und Nichtziele: Wie, das auch noch?

Definieren Sie als Erstes die Projektziele und grenzen Sie diese eindeutig von den Nichtzielen ab. Diese können Sie am einfachsten definieren, indem Sie in der Gruppe eine Abfrage machen und die Antworten auf Moderationskarten notieren.

Machen Sie dabei eine Rundum-Betrachtung der Ziele, das heißt, bestimmen Sie sowohl die technischen und wirtschaftlichen als auch die unternehmerischen und sozialen Ziele. Anschließend definieren Sie die Nichtziele. Nichtziele verhalten sich wie Zombiepulver, sie lähmen das Projektgeschäft und verschleiern den Blick auf das Wesentliche. Danach prüfen Sie sowohl die vereinbarten Ziele als auch die Nichtziele auf Herz und Nieren.

 **Machen Sie den Realitätscheck.**

Und prüfen Sie:

- ✓ Lassen sich die Ziele von den Nichtzielen sauber abgrenzen? Falls nicht, wo befinden sich die Abhängigkeiten?
- ✓ Sind die Ziele klar und widerspruchsfrei definiert?
- ✓ Sind die Ziele realistisch und machbar?
- ✓ Sind die Ziele vollständig?
- ✓ Sind die Ziele messbar?

Überprüfen Sie nun, ob Ihre Ziele auch *SMART* definiert sind. SMART steht für:

S = spezifisch (**S**pecific) und eindeutig
M = messbar (**M**easurable)
A = akzeptiert (**A**ccepted)
R = realistisch (**R**ealistic)
T = terminiert (**T**imely)

Wenn die Projektziele und Nichtziele auch den letzten Check überstanden haben, halten Sie dies »prosafrei« und sachlich für die Projektbeteiligten schriftlich fest. Hierbei ist eine Gliederung nach technischen, wirtschaftlichen, unternehmerischen und sozialen Zielen hilfreich.

Umfeldanalyse: Wie sieht das Voodoo-Nadelkissen aus?

Überlegen Sie als Nächstes, wer und was von Ihrem Projekt abhängig ist. Man könnte auch sagen, welche Voodoo-Nadeln in Ihrem Projekt im Einsatz sind. Machen Sie anschließend diese Überlegung in umgekehrter Richtung, also von wem und was Sie abhängig sind.

Folgende Fragen sollten Sie sich stellen:

✓ Welche Voodoo-Nadeln, also die Ressourcen, sind im Projektumlauf?
✓ Wie sieht Ihr Projekt-Voodoo-Nadelkissen, also Ihr Umfeld, aus?
✓ Wer sind Ihre Voodoo-Nadeln-Lieferanten? Von welchen Projekten und Unternehmensthemen sind Sie abhängig? Was benötigen Sie von anderen, mit welcher Priorität und in welchem zeitlichen Rahmen? Wer stibitzt Ihnen Ihre Voodoo-Nadeln?
✓ Ganz konkret: Welche Projekte und Unternehmensthemen hängen von Ihnen ab und rauben Ihnen Voodoo-Energie? Welche Energie ist das (in personeller, technischer oder budgetärer Hinsicht)?

Nachdem Sie das Umfeld genauer unter die Lupe genommen haben und wissen, was Ihre Ziele und Nichtziele sind, können Sie eine detaillierte Projektplanung erarbeiten. Meistens kann dieser Schritt nicht mehr offen und ehrlich in einer größeren Gruppe vollzogen werden. Die Projektplanung ist die Angelegenheit des Projektleiters. Damit es schnell geht, holen Sie sich am besten vertraute und wohlgesonnene Helfer dazu. Mehr als drei Personen sollten es nicht sein.

Magische Zielscheibe: zielsicher ins Schwarze

Kennen Sie das klassische Projektdreieck? Das klassische Dreieck definiert die drei Projektziele: die Qualität, den Endtermin und die Projektkosten.

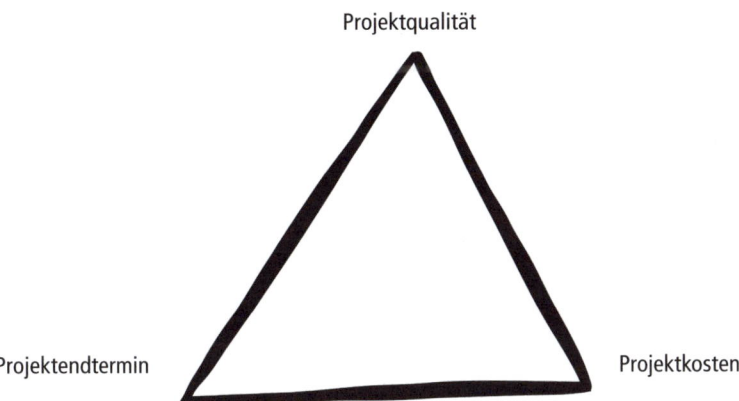

Projektqualität

Projektendtermin   Projektkosten

Diese Herangehensweise ist nicht mehr ganz zeitgemäß, da sie den wichtigsten Faktor, den Menschen, nicht berücksichtigt. Ich bevorzuge die magische Projekt-Voodoo-Zielscheibe, wobei jeder Quadrant für ein zentrales Hauptziel steht.

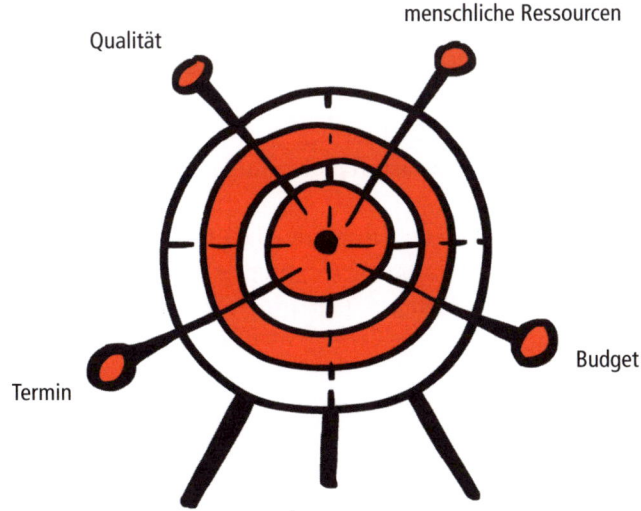

menschliche Ressourcen

Qualität

Termin

Budget

Zu Beginn des Workshops haben Sie die groben Ziele erarbeitet. Gehen Sie nun die Detailplanung an. Stellen Sie sich die Frage: »Mit welchen Aufwänden erreiche ich die Ziele?«

Qualität
✓ Mit welcher Qualität wollen Sie das Ziel erreichen?
✓ Definieren Sie konsensfähige Qualitätsmerkmale.
✓ Was benötigt das Projekt, um die Qualität technisch, budgetär und personell erreichen zu können?
✓ Wie groß ist das Delta zwischen Wunsch und Abschätzung?

Termin
✓ Welchen Endtermin und welche Zwischentermine (Meilensteine) wollen Sie erreichen?
✓ Welcher Termin wurde gefordert?
✓ Wie groß ist das Delta zwischen Wunsch und Abschätzung?

Budget
✓ Welches Budget benötigen Sie, wenn Sie den geforderten Termin halten wollen und die Qualität Ihren Vorstellungen entsprechen soll?
✓ Wie groß ist das Delta zwischen Wunsch und Abschätzung?

Ressourcen
✓ Wie viele personelle Ressourcen benötigen Sie für dieses Vorhaben?
✓ Benutzen Sie hierbei die Annahme, dass eine Person maximal 1600 Stunden pro Jahr zur Verfügung stehen kann. Dies entspricht 8 Stunden pro Tag, 5 Tage pro Woche und maximal 200 Tage pro Jahr. Das heißt also, nicht schon hier Überstunden heimlich einplanen!
✓ Wer sind Ihre Wunschpersonen?
✓ Auf wen können Sie auf keinen Fall verzichten?
✓ Wie groß ist das Delta zwischen Wunsch und Abschätzung?

Abschätzmethoden: Wie viele Nadeln braucht das Projekt?

Dabei gibt es verschiedene Methoden. Manche haben etwas von Glaskugeln-Lesen, andere wollen auf Teufel komm raus bis auf die x-te Nachkommastelle einen Sicherheitsgewinn für ihre Abschätzung erzwingen. Beides sind eher Abschätzungsreliquien einer anderen Zeit. Die beiden folgenden Methoden sind die von mir präferierten. Vor allem, wenn es schnell gehen muss. Die größte Genauigkeit erreichen Sie, wenn Sie beide Ermittlungsmethoden kombinieren.

Abschätzmethode 1: Die Best-Practice-Abschätzmethode

Hierzu geben Sie einzelnen Experten jeweils den gleichen Teil der abzuschätzenden Arbeitspakete bzw. Ziele. Diese sollen unabhängig voneinander und innerhalb kürzester Zeit die Abschätzungen durchführen. Zwischen den Experten darf kein Austausch stattfinden. Anschließend sammeln Sie diese Abschätzungen ein und schauen sich das Ergebnis an. Errechnen Sie nun das mathematische Mittel aller Abschätzungen zu einem bestimmten Thema. Das Mittel über die Abschätzungen stellt Ihre gewählte Zahl da. Das ist dann die Zahl, die Sie für die weitere Planung verwenden. Als Puffer rechnen Sie zehn Prozent vom ermittelten Ergebnis mit ein.

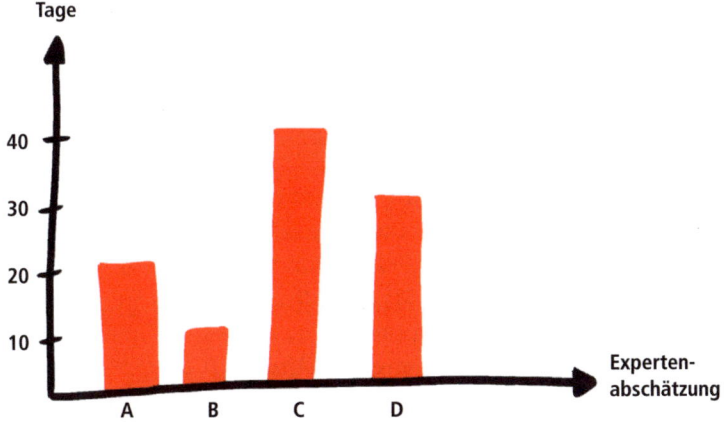

Abschätzungen

Expertenabschätzung A = 20 Tage
Expertenabschätzung B = 10 Tage
Expertenabschätzung C = 40 Tage
Expertenabschätzung D = 30 Tage

$$\text{Ergebnis} = \frac{\text{Summe aller Abschätzungen}}{\text{Anzahl der Abschätzungen}}$$

$$\text{Ergebnis} = \frac{20\,\text{Tage} + 10\,\text{Tage} + 40\,\text{Tage} + 30\,\text{Tage}}{4} = 25\,\text{Tage}$$

Puffer = 10 % vom Ergebnis

Puffer = Ergebnis $\cdot$ 0,1 = 25 Tage $\cdot$ 0,1 = 2,5 Tage

Abschätzmethode 2: Die »Best-Case-Worst-Case«-Abschätzmethode

Diese Methode können Sie auch gut in einer kleineren Gruppe durchführen.

Best-Case-Abfrage

Fragen Sie zunächst jeden Teilnehmer der Gruppe, welche Zahl er abschätzt, wenn im Projekt alles optimal laufen würde, es also keinerlei Störungen, Budgetkürzungen oder Abzug von Personal geben würde. Das Ergebnis stellt Ihren Best-Case-Wert dar.

Worst-Case-Abfrage

Fragen Sie nun nach der Schätzung für den Fall, dass Tod und Teufel über das Projekt hereinbrechen. Dieses Ergebnis ist nun der Worst-Case-Wert. Addieren Sie anschließend beide Werte und teilen Sie das Ergebnis durch zwei. Nun haben Sie den Mittelwert, den Sie als Ihren anzunehmenden Wert nutzen können. Für den Puffer nehmen Sie wiederum zehn Prozent vom ermittelten Mittelwert an.

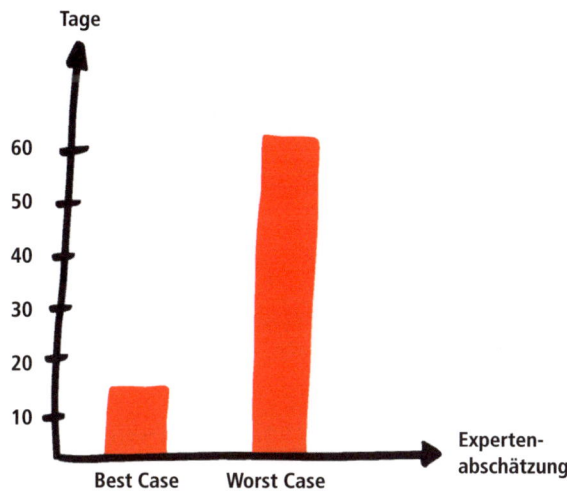

Abschätzungen

Best-Case-Abschätzung = 15 Tage
Worst-Case-Abschätzung = 60 Tage

$$\text{Ergebnis} = \frac{\text{Best Case} + \text{Worst Case}}{2}$$

$$\text{Ergebnis} = \frac{15 \text{ Tage} + 60 \text{ Tage}}{2} = 37{,}5 \text{ Tage}$$

Puffer = 10 % vom Ergebnis

Puffer = Ergebnis · 0,1 = 37,5 Tage · 0,1 = 3,75 Tage

Abschätzmethode 3: Die beste Abschätzmethode

Wenn Sie auf Nummer sicher gehen wollen, dann bilden Sie nun den Mittelwert aus dem ersten und dem zweiten Verfahren. Davon nehmen Sie wieder zehn Prozent vom errechneten Wert als Puffer an.

Abschätzungen

$$\text{Ergebnis} = \frac{\text{Ergebnis Methode 1} + \text{Ergebnis Methode 2}}{2}$$

$$\text{Ergebnis} = \frac{25\,\text{Tage} + 37,5\,\text{Tage}}{2} = 31,25\,\text{Tage}$$

Puffer = 10 % vom Ergebnis

$$\text{Puffer} = \text{Ergebnis} \cdot 0{,}1 = 31{,}25\,\text{Tage} \cdot 0{,}1 = 3{,}15\,\text{Tage}$$

Stellen Sie sich abschließend die Frage: Reichen die errechneten Puffer für eventuelle Zieleanpassungen?

Zeitplanung: die tickende Zeitbombe

Nun haben Sie alle Daten gesammelt und können diese in einem Zeitplan transparent aufbereiten. Der Zeitplan, den jeder lesen kann, ist der *Balkenplan*. Hier werden alle notwendigen Arbeitsschritte in einer logischen Reihenfolge dargestellt. Somit kann man leicht alles Notwendige überschauen. Ergänzen Sie den Balkenplan (siehe rechte Seite) noch mit Ihren Meilensteinen, also den besonders wichtigen Projektterminen.

Ziel ist es, den Balkenplan so aufzubereiten, dass alle Informationen schnellstmöglich erfasst werden können. Das heißt, Sie brauchen je einen Balkenplan für:

• das Projektführungsteam
• den Projektverantwortlichen
• jeden beteiligten Unternehmensbereich
• jeden Arbeitspaketverantwortlichen

Kalenderwoche

Aufgaben	1	2	3	4	5	. . . .
Projekt-planung	■					. . . .
Konzeption		■	■			. . . .
Anforderungs-management			■	■	■	. . . .

Erstellen Sie einen Projektmasterplan, aus dem Sie für jeden Anlass einen geeigneten Balkenplan generieren können.

Deshalb empfiehlt es sich, einen *Projektmasterplan* zu erstellen, also einen Plan, der alle Unterpläne beinhaltet. Dann haben Sie es einfacher, wenn Sie Änderungen vornehmen müssen. Diese können dann zentral durchgeführt werden. Außerdem können Sie aus diesem Plan auch jedes Extrakt herausziehen.

Erstellen Sie für jeden Bereich einen eigenen Balkenplan, dann finden sich Ihre Projektmitarbeiter schneller zurecht.

Verantwortlichkeiten: Ene, mene, muh und raus bist du!

Wie im Abzählreim kommt die Entscheidung, dass man plötzlich für etwas die Verantwortung übernehmen soll oder auch nicht mehr übernehmen soll, oft unverhofft. Überrennen Sie nicht Ihre Kollegen, sondern reden Sie mit ihnen im Vorfeld. Denn nicht jeder will das Amt auch tragen oder im entgegengesetzten Fall abgeben.

Definieren Sie als Projektleiter Ihre Wunsch-Verantwortlichkeiten und stimmen Sie diese mit den potenziellen Verantwortlichen und deren Vorgesetzten ab. Machen Sie diesen Personen klar, warum sie die beste Wahl für diese Position sind. Bei Zustimmung auf allen Ebenen sollten Sie die Verteilung der Verantwortung baldmöglichst in Ihr Projektteam kommunizieren.

Realitätscheck: Klarheit für Sternengucker

Schauen Sie nicht in die Sterne, sondern beschäftigen Sie sich mit der Realität.

 **Machen Sie einen Realitätscheck, immer!**

Das Gegenteil ist leider die allgegenwärtige Praxis. Denn da hat man doch schon so viel Zeit und Energie in die Projektplanung gesteckt, die möchte man sich doch schließlich jetzt nicht kaputtmachen. Frei nach dem Motto, die Planung wird schon nicht so schlimm abdriften, drückt man beide Augen zu und spuckt dreimal hinter sich.

Was soll ich davon halten? Wenn es ein Ranking der gravierendsten Projektleiterfehler gibt, dann nimmt dieser auf jeden Fall schon mal den dritten Platz ein.

Wenn Sie ohne einen Realitätscheck starten, dann können Sie sich auch gleich schon mal Bandagen für Ihre Projektmumifizierung besorgen!

Deshalb investieren Sie besser zum Schluss der Planung noch Zeit in den Abgleich der realen Projektsituation und dessen, was Sie geplant haben. Machen Sie sich darüber Gedanken, ob Sie auch wirklich an alles gedacht haben.

Überprüfen Sie noch einmal, ob es Rahmenbedingungen gibt, ohne die das Projekt nicht funktionieren wird. Rahmenbedingungen könnten zum Beispiel sein: Kooperationen, der Einkauf von besonderer Hardware oder technischem Equipment, besonderes Expertenwissen etc.

Entscheidungsvorlagen: Ihr bester Draht nach oben

Damit Sie potenziellen Projekt-Zombies keine Chance geben, brauchen Sie verbindliche Projektzusagen von Ihrem Projektauftraggeber. Hierzu müssen Sie alle Ihre Ergebnisse schriftlich festhalten. Stellen Sie diese anschließend Ihrem Projektauftraggeber vor. Mit einer derart fundierten Planung, die zudem relativ wenig Zeit in Anspruch genommen hat, können Sie auf jeden Fall im Management punkten.

Nageln Sie nun Ihr Management fest. Lassen Sie Ihren Projektauftraggeber jeden einzelnen Punkt mit einer klaren Ja- oder Nein-Entscheidung beantworten. Sollte er mit NEIN antworten, dann können Sie fundiert darstellen, wie Sie auf Ihren abgeschätzten Wert gekommen sind, welchen Verhandlungsspielraum es gibt und warum Sie davon ausgehen, dass der Wert eintreffen wird. Wenn der Spielraum aufgebraucht wird, dann müssen die Ziele entsprechend angepasst werden. Halten Sie auf jeden Fall die Abweichungen von Ihren Forderungen schriftlich fest.

Projektvertrag: Machen Sie den Sack zu!

Am Ende der Projektplanung ist es dringend zu empfehlen, einen schriftlichen Projektvertrag aufzusetzen. Dieser sollte die folgenden Punkte beinhalten:

- ✓ die Ziele und die Nichtziele
- ✓ die Projektqualität
- ✓ die personellen Ressourcen
- ✓ die verteilten Verantwortlichkeiten
- ✓ den aktuellen Zeitplan
- ✓ das abgestimmte Budget (Sachaufwand und Investitionen)
- ✓ die aktuelle Beschreibung des Ist-Zustands des Projekts

Der Vertrag sollte von allen Projektverantwortlichen unterzeichnet werden. Kann ein Projektverantwortlicher den Vertrag in Teilen nicht mitzeichnen, dann wird dessen Begründung schriftlich in der Mitzeichnungsschrift angeführt.

Einen Projektvertrag werden viele Projektleiter als einen harten Schritt zurück in die mittelalterliche Bürokratie ansehen. Aber für den Fall, dass der Fluch zuschlägt, brauchen Sie Verbindlichkeiten, die Sie nur über diesen Weg festzurren können. Gerade wenn es öfters vorkommt, dass Manager Vorgehensweisen oder Ressourcen, denen sie zuvor zugestimmt hatten, nach einer bestimmten Zeit einfach vergessen haben, dann können Sie mehr Verbindlichkeit einfordern, indem Sie den Projektvertrag vorzeigen.

Sie haben es geschafft. Nun hat der Fluch keine Kraft mehr!

Kompakt

Das mit dem Fluch »Wir fangen schon mal an« ist eine verflixte Sache. Schnell wird es unüberschaubar und das ganze Projekt kann kippen. Es bleibt Ihnen nichts anderes übrig, als besonders fix das Verpasste nachzuholen. In diesem Kapitel konnten Sie ein besonders effizientes Verfahren nachlesen, wobei Lösungswege für die folgenden Punkte angeboten werden:

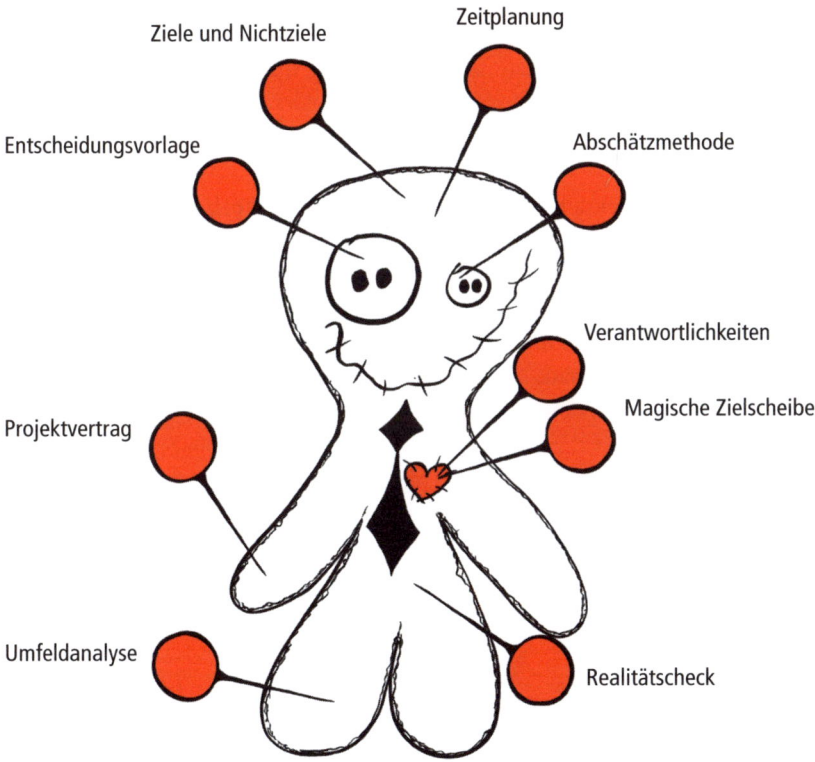

Wenn es schnell gehen muss, ist diese Vorgehensweise oftmals der einzige Weg. Aber ich möchte Sie ausdrücklich anhalten, Ihr Projekt stets grundsolide von Anfang an zu planen, damit erst gar nicht Lösungswege gesucht werden müssen.

Projekt-Voodoo-Tipp

Gerade als unerfahrener Projektleiter geht man schnell auf Forderungen des Managements ein, obwohl das Bauchgefühl schon längst eindringlich schreit: »Tu es nicht!« Zwei Dinge können Sie nun tun. Erstens, Sie holen so schnell wie möglich die ordentliche Planungsarbeit nach.

Zweitens, Sie reflektieren und lernen somit aus diesen Fehlern. Führen Sie ein ganz privates *Projekttagebuch*. So haben Sie die Chance, aus Fehlern zu lernen, ohne dass das Wissen über die Geschehnisse im Projektalltag untergeht.

 **Reflektieren Sie mithilfe eines Projekttagebuchs!**

Vielleicht stimmen Sie einem zu frühen Projektstart ein zweites und drittes Mal zu, aber ein viertes Mal wird es dank der eigenen Reflexion bestimmt nicht geben. Das garantiere ich Ihnen.

2.3 Angst: Hierarchie statt Kompetenz

Gerät ein Projekt unter Druck, gilt das noch viel mehr für den Projektleiter. Dabei ist es egal, ob der Druck von innen oder außen kommt. Oftmals ist es das pure Kompetenzgerangel, welches bei allen den Angstschweiß ausbrechen lässt.

Vielleicht wurden sogar in dem Projekt anderweitig gut abkömmliche Mitarbeiter »geparkt«? Die Gefahr steigt, dass statt mit Kompetenz mit Hierarchie argumentiert wird. Ungelöste Konflikte innerhalb des Teams und eine fehlende Streitkultur tun dann ihr Übriges.

Kennen Sie diese Situation? Ihre Projektmitarbeiter sind bunt durch das Unternehmen gewürfelt worden. Da gibt es die großen Tiere, die stets mit dem vollen Titel angesprochen werden wollen, ebenso wie Mitarbeiter, die einen »großen Bruder« in der Top-Führungsebene haben. Andere Mitarbeiter glauben, das Wissen mit extra großen Löffeln gefressen zu haben. Herdentiere schlagen sich auf die eine oder die andere Seite. Saboteure oder eine Meuterei geben dem Projektleiter den Rest. Eine Portion Extraspaß bekommt der Projektleiter, wenn er rivalisierende Konzerneinheiten oder Fachbereiche in seinem Projekt vereinen darf.

Wenn jetzt auch noch das Projekt in Schieflage gerät und besonderer Druck auf das Projekt und seinen Projektleiter ausgeübt wird, dann lernt man alle menschlichen Facetten der Konfliktfähigkeit kennen. Da wird gehauen und gestochen. Informationen werden zurückgehalten. Meetings werden stets, ohne ein Ergebnis zu liefern, gnadenlos überzogen. Abhängigkeiten werden als eine unausweichliche Hürde dargestellt. »Ich kann erst liefern, wenn der andere liefert«, sind übliche Sprüche, wenn nichts mehr abgeliefert wird. Schuldzuweisungen, offene Konflikte, Kraftausdrücke und Meeting-Verweigerungen sind gängige Begleiter. Ungelöste Konflikte und eine fehlende Streitkultur machen Arbeiten unter Druck fast unerträglich. Die pure kalte Angst und großer Frust schlagen zu. Viele zermürbt dies. Der Krankheitsstand schnellt plötzlich nach oben, und diejenigen, die Karriereambitionen haben, fahren immer stärkere Geschütze auf. Die ganz normale Projekthölle.

Es ist Vorsicht geboten, denn Angst und Stress führen ...

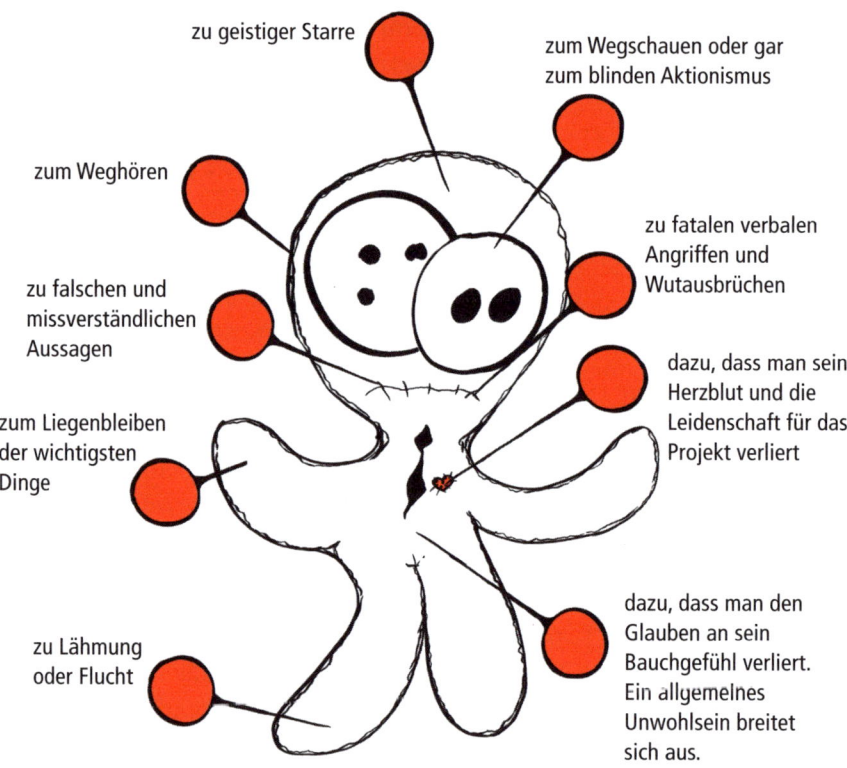

zu geistiger Starre

zum Wegschauen oder gar zum blinden Aktionismus

zum Weghören

zu fatalen verbalen Angriffen und Wutausbrüchen

zu falschen und missverständlichen Aussagen

dazu, dass man sein Herzblut und die Leidenschaft für das Projekt verliert

zum Liegenbleiben der wichtigsten Dinge

dazu, dass man den Glauben an sein Bauchgefühl verliert. Ein allgemeines Unwohlsein breitet sich aus.

zu Lähmung oder Flucht

Schön, wenn man da als Projektleiter vorgesorgt hat. Mein Vorsorgeprogramm lesen Sie weiter unten.

Die Bedrohung »Angst« ist leider ein weit verbreitetes Phänomen, aber ein ganz natürliches. Schließlich sichert uns die Angst seit Jahrtausenden das Überleben. Wären wir eher angriffslustig statt ängstlich, dann hätte es die Menschheit nicht so weit gebracht.

Wichtig ist es, dieses Phänomen zu verstehen. Deshalb schauen wir uns erst einmal an, wo diese Angst ihren Ursprung hat.

Reptiliengehirn: Die Urzeit ist noch nicht vorbei!

Zu wissen, was Druck, Angst und Stress mit uns anstellen, ist für einen Projektleiter essenziell. Dieses Wissen erweitert seinen Handlungsspielraum.

Je nach Intensität des Stresses, des Drucks und der Höhe der ungelösten Konflikte wird unsere gesamte Gehirnleistung auf ca. 20 Prozent reduziert. Der Grund dafür ist, dass wir als Organismus überleben wollen. Und dies haben wir bereits vor mehreren Hunderttausend Jahren gelernt. Aus dieser Zeit stammt unser Stammhirn, auch Reptiliengehirn genannt. Es ist der älteste Teil unseres Gehirns und besitzt viele lebenserhaltende Instinkte. Wie der Name vermuten lässt, macht dieser Gehirnteil das Reptil aus. Zum Glück haben wir uns aber weiterentwickelt – nichtsdestotrotz arbeitet es bei uns weiter.

Das bedeutet: Wenn das Reptiliengehirn zuschlägt, verlieren wir die Fähigkeit, kreativ zu sein, zu denken und zu reflektieren. Dabei wird die linke wie auch die rechte Hälfte des Gehirns weitestgehend von jeglicher Denkarbeit befreit. Das Gehirn schafft jetzt nur noch Denkmuster, die das nackte Überleben sichern. Und das heißt *Flucht*, *Kampf* oder *Starre*.

Übersetzt in unseren Projektalltag bedeutet dies:

Flucht:
- kann Suchtverhalten fördern (Esssucht, übermäßiger Alkoholkonsum, Zigarettensucht)
- kann zu Vereinsamung führen (Rückzug aus dem Projektalltag, Abstand von den Kollegen, plötzliches Introvertiert-Sein)

Kampf:
- macht Kollegen angriffslustig, aggressiv und wütend (aus einer Mücke wird inhaltlich plötzlich ein Elefant, Intrigen werden geschmiedet und zur Meuterei wird aufgerufen, Projekte werden sabotiert)

Starre:
- führt zu dogmatischem Festhalten an Richtlinien und Prozessen
- resultiert in Dienst nach Vorschrift
- mündet in der Verleugnung von Problemen
- führt zu allgemeiner Taubheit: man hört nichts, man sieht nichts, man sagt nichts
- fördert Schönrednerei
- erzeugt Resignation und Duldung der Situation
- endet in »Kuschelpolitik«: »Tust du mir nichts, dann tu ich dir auch nichts.« (Leider geht dabei auch der Blick für die wahren Probleme verloren. Man duldet den aktuellen Zustand, meist sogar über Jahre.)

Eines steht fest: Herrschen in einem Projekt über längere Zeit hinweg außergewöhnlicher Druck und Stress, so zermürbt dies alle Beteiligten. Sie können darüber erkranken oder in ein krankhaftes Verhalten rutschen. Auf Dauer brennen Ihre Projektmitarbeiter aus. Und das ist fatal. Sehr fatal. Denn glauben Sie bloß nicht, dass Sie selbst das ohne Schaden überleben!

Der schlaue Projektleiter lässt es gar nicht so weit kommen. Er hat vor allem eins, eine Antistressstrategie, die eine Voodoo-Relaxing-Methode und einen Antistressplan enthält. Und in letzter Konsequenz zückt er seinen Notfallplan.

Voodoo-Relaxing: Auch Zombies lieben Wellness!

»Gleich eskaliere ich!« Haben Sie diese Drohungen auch schon öfters gehört? Das sind in manchen Unternehmen geflügelte Worte. Da wird eskaliert, dass sich die Balken biegen. Der Satz soll eine Drohung darstellen. Aber das Gegenteil ist der Fall. Wird er zu oft ausgesprochen, verliert er an Wirkung.

Aber vorweg: Eine Eskalation ist im Projektmanagement nichts Böses, sondern ein adäquates Mittel, in Projekten zwischen unstimmigen Parteien in der nächsten Entscheidungsinstanz eine Entscheidung herbeizuführen. Eskalationen sollten aber nur in Ausnahmesituationen ausgeübt werden. Besser ist es, wenn das Team lernt, mit Stress und Druck umzugehen.

Hierzu müssen Sie relativ früh, also am besten im Projekt-Kick-off über Stress sprechen und mit Ihrem Team eine Strategie entwickeln.

 **Sensibilisieren Sie sich und Ihr Team für das Thema Projektdruck und -stress!**

Machen Sie dem Team hierzu klar, dass Stress bis zu einem gewissen Maß normal und förderlich für das Vorhaben ist und dass es naiv wäre, anzunehmen, dass es nicht stressig werden wird. Stress stärkt unsere Sinne und macht uns leistungsfähiger. Aber oftmals wird, ohne dass man es selbst wahrnimmt, die Stressgrenze überschritten. Und dann wird es ungesund.

Antistressstrategie: Nur keine Hektik, du Zombie!

Seien Sie schlauer als Ihre Projektleiterkollegen und begegnen Sie Stress nicht mit noch mehr Stress. Irgendwann bringt es nichts mehr, den Druck zu erhöhen, denn dann sind Ihre Mitarbeiter und sehr wahrscheinlich auch Sie selber im Überlebensmodus. Und das ist überhaupt nicht gut. Fahren Sie lieber eine Strategie, für die Sie Ihr Umfeld und Ihre Kollegen in den Projektleiterhimmel loben werden.

Lernen Sie, zusammen mit Ihrem Team, zu relaxen und Stress frühzeitig zu erkennen, und entwickeln Sie einen Antistressplan.

1. Schritt: Ermitteln Sie die Druckausüber

Finden Sie gemeinsam mit Ihrem Projektteam auf die
folgenden Fragen eine Antwort:

✓ Woran erkennen wir, dass der Druck, der auf uns ausgeübt
  wird oder den wir selber auf uns ausüben, sich in Stress
  verwandelt?
✓ Wer übt Druck aus? Wem nützt es? Wer ist der Initiator?
✓ Welche Verhaltenssymptome nehmen wir unter Stress wahr
  (normales Stresslevel – mittleres Stresslevel – unerträgliches
  Stresslevel)?
✓ Welche körperlichen Symptome nehmen wir an uns wahr
  (bei normalem, mittlerem oder unerträglichem Stresslevel)?
✓ Woran erkennen wir, dass der Stress überhandgenommen hat
  (bei normalem, mittlerem oder unerträglichem Stresslevel)?
✓ Was sind die Projektkonsequenzen, wenn der Stress
  unerträglich ist?
✓ Was ist mein Gewinn, wenn ich mich nicht stressen lasse?

Überlegen Sie nun im Projektteam, wie Sie mit diesen Erkenntnissen
umgehen.

2. Schritt: Installieren Sie ein Stress-Frühwarn-system

Bearbeiten Sie folgende Frage:

✓ Welches Stress-Frühwarnsystem könnten wir im Projektteam
  einführen?

Als Stress-Frühwarnsystem habe ich besonders gute Erfahrung gemacht, wenn jeder Projektmitarbeiter eine ganz bestimmte Spielkarte, beispielsweise den Joker, mit sich herumträgt. Stellt nun ein Kollege an einem anderen Kollegen Stresssymptome fest, so zeigt der Kollege dem anderen die Spielkarte, ohne etwas dazu zu sagen. Keine Tipps, keine Begründung, einfach nur die Karte zeigen. Der gestresste Kollege muss sich nicht rechtfertigen und muss nichts beschwichtigen. Er muss einfach nur das Zeichen annehmen. Das Schöne dabei ist, dass der gestresste Kollege aus seinem Denk- und Verhaltensrhythmus gerissen wird. Und das ist gut. So hat er überhaupt eine Chance, aus dem Hamsterrad zu springen und sein Verhalten zu verändern. Ob er es tut, ist ganz und gar seine Entscheidung.

Das Wichtigste dabei ist, dass das Stress-Frühwarnsystem über alle Hierarchiestufen hinweg durchgeführt werden muss. Glauben Sie nicht, dass Sie als Projektleiter den Stress an sich selber wahrnehmen. Wir werden mit der Zeit für solche Dinge einfach unsensibel und blind.

Wenn Sie ein solches Frühwarnsystem einführen, geben Sie die Verantwortung wieder zurück ins Team. Das Team wird gewissermaßen selbstregulierend und entwickelt eine spielerische Eigendynamik. Dies fördert das Wir-Gefühl.

 ### 3. Schritt: Projektteam-Relaxingmethode

Folgende Frage sollten Sie nun mit Ihrem Team beantworten:

✓ Wie können wir im Projektteam relaxen?

Um es Ihnen etwas einfacher zu machen, gibt es dazu viele leichte Methoden, zum Beispiel:

- Frühstücken Sie einmal pro Woche gemeinsam.
- Veranstalten Sie mindestens einmal pro Woche ein Projektmeeting im Gehen. Machen Sie also einen Spaziergang. Dinge,

die niedergeschrieben werden müssen, könnten Sie einfach vorübergehend in Ihr Handy diktieren.

- Entwickeln Sie mit Ihrem Team eine Zehn-Minuten-Power-Relaxingmethode, die aus Elementen des Yogas, der Muskelentspannung und Dehnübungen besteht. Machen Sie dazu ein kurzes Brainstorming und wählen Sie drei Übungen aus. Diejenigen, die diese Übung vorgeschlagen haben, bringen diese der Gruppe bei.
- Gähnen ist ansteckend. Aber Gähnen entspannt auch auf unglaubliche Weise. Gähnen Sie gemeinsam.
- Gehen Sie einmal in der Woche gemeinsam zum Fußballspiel oder zum Volleyball.
- Meine liebste Relaxingmethode ist das wöchentliche Sushi-Essen.

Je natürlicher und einfacher Ihre Relaxingmethode ist, desto größer ist die Chance, dass Ihr Team sie auch annimmt. Dabei muss es eine Methode sein, die für dicke und dünne, sportliche und unsportliche, extrovertierte und introvertierte Menschen passt. Deshalb rate ich von Lach-Yoga oder ähnlichen Entspannungsauswüchsen ab. Damit würden Sie definitiv die introvertierten Kollegen unter ihnen verprellen.

Wichtig dabei ist, dass Sie als Projektleiter eine Regelmäßigkeit in Ihr Projektteam bekommen. Relaxen muss man üben. Und wenn Sie das aktiv fördern, dann wird es zu einer wohltuenden Projektgewohnheit. Sie haben es selbst in der Hand.

Und nun noch eine ganz besondere Methode, um Ihre Streithähne wieder zur Produktivität zu bringen.

Notfallplan: Im Dunkeln spukt es sich am besten!

Wenn Sie als Projektleiter nicht mehr handlungsfähig sind, wenn sich im Projekt nichts mehr bewegt, wenn es aber absolut notwendig ist, dass alle Streithähne wieder zusammenarbeiten, dann empfiehlt sich ein *Essen in vollkommener Dunkelheit*.

Entziehen Sie allen Beteiligten ohne Ankündigung vier der fünf Sinne, indem Sie sie zu einem Essen in absoluter Dunkelheit einladen. Als Projektleiter haben Sie nichts Besonderes zu tun: Sie müssen keine Teamansprache halten, Sie müssen nicht lenkend während des Essens eingreifen und schon gar nicht nach dem Essen, wie es Trainer gerne tun, reflektieren und die schöne Wirkung verpuffen lassen. Also alles ganz easy!

Laden Sie Ihr Team zu einer Teambesprechung ein. Es empfiehlt sich, einen eintägigen Workshop zu veranstalten. Treffen Sie sich an einem neutralen Ort, also außerhalb der Unternehmensmauern. Am Vormittag versuchen Sie, in gewohnter Weise gemeinsam an den Projektthemen zu arbeiten. In der Regel wird es nicht besser oder schlechter verlaufen als bei anderen Meetings auch. Gehen Sie dann relativ früh zum Essen, zum Beispiel gegen 11.30 Uhr. Kündigen Sie erst jetzt an, wo das Essen stattfinden wird, nämlich in vollkommener Dunkelheit.

Dabei ist es besonders wichtig, dass zuvor keine Informationen über die besondere Essensstätte durchsickern. Dunkelrestaurants gibt es mittlerweile fast in jeder größeren Stadt. Suchen Sie sich ein Dunkelrestaurant in Ihrer Nähe. Klären Sie nach der Essensankündigung, ob es Kollegen gibt, die Angst vor engen Räumen haben. Dunkelheit verstärkt manchmal dieses Engegefühl. Diese Kollegen sollten Sie eher nicht mitnehmen, ihnen die Entscheidung darüber aber selbst überlassen. Es ist schade, wenn sie nicht teilnehmen, andererseits können

Panikattacken zu einem unerwünschten Interventionsverlauf führen. Mein Tipp: Lassen Sie diese Kollegen besser draußen. Es gibt keinen Grund, das Essen abzusagen, bloß weil ein oder zwei Kollegen nicht dabei sein können. Auch bei einer normalen Essenseinladung kann es passieren, dass nicht alle mitkommen.

Schon bei der Ankündigung werden Sie feststellen, dass ein erster Effekt sichtbar wird.

Effekt Nr. 1: Alle Beteiligten sind neugierig und bekommen fast kindliche Züge.

Einige Kollegen sind total aufgeregt. Andere freuen sich wie ein kleines Kind auf dieses Abenteuer. Dann gibt es die, die eher Angst haben, dass sie sich bekleckern und blamieren. Typische Kommentare sind dann: »Ich habe doch kein Ersatzhemd und keine Ersatzkrawatte dabei.« Diese Argumente können Sie ganz einfach dadurch entkräften, indem Sie erklären, dass sich alle in der gleichen Situation befinden und sich bisher noch kaum einer bekleckert hat.

Schließlich gibt es noch die Personen, die stets gegen alles sind. Sie können es nicht ertragen, wenn sie die Kontrolle verlieren und etwas machen sollen, was aus ihrer Sicht unkalkulierbar ist. Diese Personen sind aber eh stets gegen all Ihre Vorschläge und drohen sehr häufig, dass sie nicht mehr mitmachen und gehen werden. Je nachdem, wie sehr sie meutern, sollten Sie sie ziehen lassen. Versuchen Sie nicht, diese Personen zu überzeugen oder aufzuhalten, denn genau das wollen sie! Meine Erfahrung ist: Wenn man diese Meuterer relativ harmlos in die Enge treibt, man nicht für sie kämpft und das restliche Team hoch begeistert ist von der Alternative, die der Projektleiter anbietet, dann gehen sie. Meistens verlassen sie nicht nur das Meeting, sondern gehen ganz aus dem Projekt. Wenn Kollegen das wahre Gesicht von Meuterern erkennen und die Meuterer feststellen, dass ihre Getreuen ihnen nicht mehr folgen, dann geben sie meistens von allein auf.

Starten Sie nun das Dunkelessen. Zuvor müssen alle Gegenstände, die Licht erzeugen, abgelegt und ausgeschaltet werden, wie zum Beispiel

Handys, Uhren, Taschenlampen an Schlüsselbunden etc. Idealerweise suchen Sie sich ein bekanntes Dunkelessenrestaurant, das meist von blindem Personal geleitet wird. Optimal ist es, wenn es vor dem Speiseraum einen Gang gibt, der in absolute Dunkelheit getaucht ist. So können sich die Kollegen beim Hindurchgehen erst einmal an die Dunkelheit gewöhnen. Es ist faszinierend, wie hilflos man sich dabei vorkommt. Passieren kann nichts. Die Kellner geleiten das Projektteam meistens in kleinen Vierergruppen an die Tische. Überlassen Sie den Kellnern die Sitzordnung. So gehen Sie sicher, dass nicht die üblichen Kollegen nebeneinander sitzen.

Jetzt können Sie mein absolutes Lieblingsphänomen erleben: Wenn alle Personen am Tisch sitzen, entsteht erst einmal ein Höllenlärm. Das fehlende Augenlicht sorgt für eine Überkompensation der anderen Sinne. Das heißt, man spricht lauter. Da dies jeder tut, wird der Lärmpegel immer größer, bis man sein eigenes Wort nicht mehr versteht. Dieser Zustand dauert ca. fünf Minuten. Aber dann ...

Effekt Nr. 2: Es wird leiser. Die Teilnehmer versuchen in Kontakt mit dem Unbekannten gegenüber zu kommen.

Jetzt ist der Moment, wo sich die Kollegen ohne Fremdbeeinflussung und Ablenkung ernsthaft miteinander befassen. Diese Kollegen sind fremd und bekannt zugleich.

Effekt Nr. 3: Die Kollegen entdecken sich untereinander neu. Dabei lernen sie sich das erste Mal wirklich kennen.

Bereits nach 15 Minuten stellen Sie eine andere, freundliche Atmosphäre fest. Die Kollegen sprechen miteinander und zwar nicht über die Arbeit und das Projekt. Sie reden über das Essen, was sie gerade gemeinsam erleben und über private Dinge.

Lassen Sie als Projektleiter das Ganze einfach geschehen. Freuen Sie sich über das gute Essen und machen Sie mit. Sie müssen und sollen hier nicht führen. Lassen Sie es einfach laufen.

Ich empfehle Ihnen eine Essensdauer von ca. zwei Stunden. Weniger ist vielfach zu kurz und die gute Erfahrung kann sich nicht festigen. Ein längerer Aufenthalt hingegen wäre Zeitverschwendung, denn es sollte daraus keine Incentiveveranstaltung werden. Das würde den Effekt zerstören.

Nach dem Essen gehen Sie wieder in Ihren Workshop. Machen Sie daraus keine Lernveranstaltung, sondern genießen Sie einfach das Erlebte und lassen es als gutes Gruppenabenteuer stehen. Starten Sie nun mit dem nächsten geplanten Arbeitsthema. Was Sie dann erleben werden, sprengt jede Vorstellungskraft. Die Anfeindungen sind wie weggeblasen, die Kollegen reden menschlich und natürlich miteinander.

Effekt Nr. 4: Sie arbeiten wieder miteinander und nicht gegeneinander!

Sie haben endlich die Arbeitsatmosphäre, die Sie sich eigentlich von Anfang an gewünscht haben. Von einem Dunkelessen werden Sie als Projektgruppe noch lange zehren können.

Streitkultur: das Aus der verbalen Einbalsamierung

Wissen Sie, was mich besonders aufregt? Unternehmen mit Kuschelpolitik! Denn hier wird Streit um jeden Preis ausgewichen, auch wenn dadurch ein größeres Übel entsteht. In diesen Unternehmen wird stattdessen gelästert, manipuliert und intrigiert, was das Zeug hält. Diese »Streitkunst« ist oftmals viel verletzender als ein ehrlicher Streit zwischen Menschen.

Man unterscheidet drei unterschiedliche Streittypen:

Typ 1 droht mit Voodoo-Nadeln.
Er droht mit Worten und manchmal auch mit den Fäusten. Hier werden Kraftausdrücke benutzt. Die Klappe wird groß aufgerissen. Man

versteckt sich hinter der Hierarchie. Plötzlich haben Frauen wieder radikal weniger zu sagen als Männer. Aber Vorsicht: Auf Drohungen müssen auch Taten folgen, sonst verlieren sie an Wirkung. Manche nutzen aber auch die Erstschlagmethode. Das heißt, es wird erst zugeschlagen, entschuldigen kann man sich hinterher immer noch.

Typ 2 versteckt seine Voodoo-Nadeln und verhält sich still.
Er schweigt, macht sich klein und versteckt sich. Typ-2-Menschen gehen davon aus, dass sie keine Argumente liefern müssen. Schließlich kann man ihre Gedanken und Meinungen von der Stirn ablesen. Ihre Streitpartner interpretieren das Schweigen oftmals als stillschweigende Zustimmung. Und somit ist der nächste Konflikt vorprogrammiert.

Typ 3 hat gelernt, mit seinen Voodoo-Nadeln zu fechten.
Er hat gelernt zu streiten. Diese Personen trauen sich in den Konflikt, um sich für die Sache einzusetzen, aber ohne dabei den Menschen niederzumetzeln. Typ-3-Kollegen vertreten ihre eigene Meinung, ohne auf Teufel komm raus recht haben zu wollen. Sie schaffen es, mit Argumenten eine Lösung herbeizuzaubern. Dabei argumentieren sie offen und können sich in den anderen hineinversetzen. Streiten ist für sie kein Sport, sondern ein Weg, dem Ziel näher zu kommen.

Ich habe die Erfahrung gemacht, dass nur ca. zehn Prozent der Projektkollegen vom Typ 3 sind und sich in einem Streit fair verhalten. Typ 1 und 2 sind etwa gleich stark vertreten mit jeweils 45 Prozent.

Ich habe Ihnen zu Beginn dieses Kapitels dargestellt, was Sie akut tun können, wenn eine Kommunikation nicht mehr möglich ist. Im Folgenden zeige ich Ihnen einen Weg, wie es gar nicht so weit kommen muss und wie Sie den Typ 3 bei sich im Team fördern können. Aber zuvor noch etwas Theorie, um herauszufinden, *warum* wir uns überhaupt streiten.

Das Eisberg-Modell

Das Eisberg-Modell hat seinen Ursprung bei Sigmund Freud und wurde dann von vielen Kommunikationsforschern weiterentwickelt, sodass man heute gar nicht mehr sagen kann, wer der eigentliche Urheber ist.

Eisberge schwimmen im Wasser, wobei ca. 1/7 aus dem Wasser ragt. Der größte Teil eines Eisbergs jedoch, ca. 6/7, verbirgt sich unter der Wasseroberfläche.

Ähnlich verhält es sich mit der Kommunikation. Nur ca. 1/7 der Kommunikation ist sofort hör- und sichtbar. Man findet in der Regel nur heraus, um WAS es geht. Unser Gegenüber signalisiert durch Worte und durch die Körpersprache, WAS er meint.

Das WARUM ist unsichtbar. Es macht aber den größten Teil aus, nämlich 6/7. Es besteht aus Bedürfnissen, Emotionen, Zielen, Wünschen, Werten, Einstellungen, Normen, Regeln oder Erfahrungen.

 **Die Frage nach dem WARUM ist eine der zentralen Grundlagen der Projekt-Voodoo-Methode.**

Wenn wir es schaffen, das WARUM zu verstehen, dann ist das Führen in der Projektwelt plötzlich kinderleicht. Mehr dazu erfahren Sie in den weiteren Kapiteln.

Wenn man sich das Eisberg-Modell anschaut, wird schnell klar, warum man das Streiten lernen muss. Denn in der Regel kennen wir gar nicht genau die Beweggründe, warum der Streitpartner sich für ein Thema einsetzt. Das heißt für die Gegner, dass sie erst einmal die Beweggründe eines jeden Einzelnen kennen müssen, um eine Lösung für alle finden zu können.

Da jede Gruppe ihre eigene Streitkultur entwickeln muss und man diese Regeln nicht einfach einer Gruppe diktieren kann, empfehle ich hier eine Plenumsdiskussion, am besten zu Beginn eines Projekts.

»Das Projektleben ist kein Zuckerschlecken, aber Sie müssen Ihren Nächsten nicht gleich lieben. Es reicht, wenn Sie ihm respektvoll und wertschätzend begegnen.«

Diese Haltung sollte auch auf Ihr Projektteam übergehen. Deshalb empfiehlt es sich, gleich zu Beginn über Konflikte zu reden, auch wenn bis dahin noch keine angefallen sind. Konkret bedeutet dies, dass das Team Regeln definiert, wie zukünftige Konflikte ausgetragen werden sollen.

In drei Schritten zur Streitkultur

Um für Ihr Projekt eine Streitkultur zu etablieren, sollten Sie am einfachsten in drei Schritten vorgehen und im Plenum oder in einem Workshop folgende Fragen diskutieren und sich die entsprechenden Lösungen notieren. Stellen Sie zuvor das oben dargestellte Eisberg-Modell vor.

1. Schritt: Definieren Sie den Begriff »Streitkultur« in der Gruppe.

Fragen Sie sich:

- ✓ Wie definieren wir Streiten?
- ✓ Wann verläuft es fair und wann ist es verletzend?
- ✓ Was brauchen wir, um fair zu streiten?
- ✓ Welche Konflikte können wir untereinander austragen? Wann müssen wir in die nächste Entscheidungsinstanz eskalieren?
- ✓ Welche Konsequenzen hat unser Konflikt für das Projekt und das Unternehmen? Ist es für das Unternehmen zielführend, wenn der Konflikt ausgetragen wird?

2. Schritt: Stellen Sie gemeinsam verbale und nonverbale Verhaltensregeln für ein faires Streiten auf.

Vereinbaren Sie:

- ✓ Welche verbalen und nonverbalen Regeln für faires Streiten wollen wir aufsetzen?
- ✓ Wie wollen wir mit Vorurteilen umgehen?
- ✓ Wie schaffen wir es, den anderen mit seinen Ängsten und Emotionen zu verstehen?
- ✓ Was wollen wir tun, wenn der andere nur blockiert?

3. Schritt: Suchen Sie Möglichkeiten, wie die Konfliktpersonen allein auf Lösungsansätze kommen können, ohne dass Sie als Projektleiter eingeschaltet werden müssen.

Diskutieren Sie:

- ✓ Was können wir tun, damit wir, ohne eine höhere Entscheidungsinstanz einzuschalten, auf eine Lösung des Konfliktes kommen?

Hier haben sich zwei Methoden bewährt: der Perspektivenwechsel und die Suche nach kreativen Lösungsansätzen.

1. PERSPEKTIVENWECHSEL

Versetzen Sie sich in die andere Person und versuchen Sie zu verstehen, WARUM diese so handelt. Wenn es Ihnen nicht gelingt, dann fragen Sie einfach. Sollten die Antworten nicht befriedigend sein, dann stellen Sie Fragen, um eine bessere Antwort zu bekommen:

- ✓ Wo siehst du das Problem?
- ✓ Warum ist dein Lösungsansatz so wichtig für dich?
- ✓ Was kannst du, nachdem du deine Lösung durchgesetzt hast, besser tun? Welche Konsequenzen hätte das für dich?
- ✓ Wem nutzt die Lösung noch? Wem würde sie Probleme bereiten?
- ✓ Wie würdest du dich fühlen, wenn deine Lösung nicht umgesetzt wird?
- ✓ Wovor hast du Angst, wenn deine Lösung nicht umgesetzt wird?

2. KREATIVE LÖSUNGEN, DIE DIE GESPRÄCHSEBENE VERÄNDERN

In Konflikten streiten wir oft auf der verletzenden, emotionalen Ebene. Wir benutzen Kraftausdrücke und Umschreibungen, die den anderen emotional treffen und kleinmachen sollen. Also brauchen wir eine Methode, die es schafft, die Gesprächsebene in die Sachebene zu verändern. Dies gelingt, wenn man das Problem auf einen Gegenstand überträgt. Anschließend sprechen Sie, in der Rolle des Gegenstandes, in der indirekten Rede. Somit haben Sie einen Rollenwechsel vollzogen. Als Objekt spricht man automatisch logisch und sachlich, da Objekte keine Gefühle haben.

Suchen Sie sich hierzu einen passenden Gegenstand und fragen Sie diesen, wie er den Streit sieht und wie er ihn lösen würde. Wir können oftmals viel klarer denken, wenn wir nicht an uns selber denken. Eigene Gefühle vernebeln uns dann nicht mehr unser Denkvermögen.

Nehmen wir zum Beispiel an, dass zwei Kollegen, die gemeinsam ein Projektdokument erstellen müssen, sich darum streiten, wer als Erstes liefern muss. Faktisch sind beide voneinander abhängig, keiner kann ohne den anderen. Subjektiv will aber keiner den ersten Schritt machen. Die Gründe dafür können vielseitig sein, wie zum Beispiel Machtgedanken: »Also, der muss erst mal richtig Bitte, Bitte sagen, ehe ich was tue.« Oder: »Ohne mich geht hier gar nichts, das müssen die anderen erst mal bemerken.« Oder der Kollege weiß schlichtweg nicht, wie er anfangen soll, und traut sich nicht zu fragen. Eine kreative Lösung könnte jetzt sein, dass diese beiden Kollegen nicht einen anderen Menschen befragen, sondern vielmehr einen Gegenstand. In diesem Fall würde ich eine Projekt-Voodoo-Puppe bevorzugen. Beide Kollegen fragen die Projekt-Voodoo-Puppe, warum der andere nicht liefert und was er braucht, um zu liefern. Achtung: Die Antwort geben sich die Kollegen selber, aber in der Rolle der Projekt-Voodoo-Puppe!

Der erste Effekt ist der, dass meistens rein sachliche Antworten gegeben werden. Der verletzende Beigeschmack ist abgelegt, denn es antwortet die Projekt-Voodoo-Puppe und nicht der Kollege. Hiermit schaffen Sie einen Perspektivenwechsel. Die Kollegen reden nicht mehr miteinander, sondern über einen Vermittler, nämlich die Projekt-Voodoo-Puppe. Der zweite Effekt ist, dass nach einer Weile meistens einer der Streitpartner anfängt, über die Situation zu lachen. Damit löst er die Anspannung und das Problem wird relativiert. In der Regel kann man danach entspannter über das Problem reden und gemeinsam eine Lösung finden.

Üben Sie das Streiten. Nehmen Sie einen Konflikt, der der Gruppe bekannt ist. Testen Sie, am besten in einem Rollenspiel, die oben zusammengetragenen Verhaltensregeln. Wie hätte sich der Konflikt entwickelt, wenn es diese Regeln schon gegeben hätte? Mit dieser Übung können Sie die aufgesetzten Streitverhaltensregeln im Team verankern.

Versäumen Sie nicht, immer dann im Team zu diskutieren, wenn Sie feststellen, dass ein Streit jenseits der Verhaltensregeln ausgetragen wurde. Zeigen Sie den Unterschied, wenn die Streithähne die abgestimmten Verhaltensregeln genutzt hätten. So erzeugen Sie immer wieder einen Aha-Effekt.

Und das Allerwichtigste: Seien Sie selber konsequent und leben Sie die gemeinsamen Verhaltensregeln vor.

Kompakt

Die Konfliktfähigkeit entscheidet über die Karriere eines guten Projektleiters. Schafft er es, sein Team stets in eine produktive Stimmung zu versetzen und dabei den Konflikten nicht aus dem Weg zu gehen? Kann er Projektkonflikte lösen, bevor diese festgefahren sind? Schafft er es sogar, diese ohne fremde Hilfe zu lösen? Dann ist er ein Projektleiter der Spitzenklasse, der nicht nur von der Führungsebene, sondern auch von den Projektmitarbeitern bevorzugt wird. Die oben dargestellten, in der Abbildung unten noch einmal visualisierten Wege können zur Konfliktlösung verhelfen.

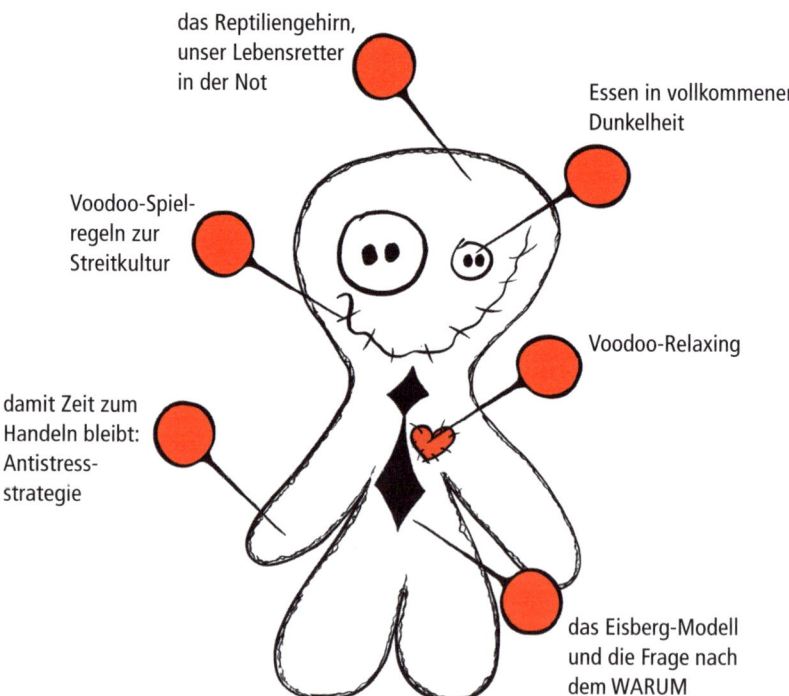

das Reptiliengehirn, unser Lebensretter in der Not

Essen in vollkommener Dunkelheit

Voodoo-Spielregeln zur Streitkultur

Voodoo-Relaxing

damit Zeit zum Handeln bleibt: Antistressstrategie

das Eisberg-Modell und die Frage nach dem WARUM

Projekt-Voodoo-Tipp

Ich bin kein Freund von harten Kämpfen. Und ich suche stets nach alternativen Lösungsansätzen. Sehen Sie den Menschen und nicht den Gegner. Die zentrale Frage lautet:

 **»Wie kann man den Menschen emotional erreichen, ihn wachrütteln und berühren?«**

Wenn es Ihnen in einem Konflikt gelingt, wieder den Menschen zu sehen, dann haben Sie es geschafft. Dann bereitet Ihnen der Konflikt keine Angst mehr.

Seien Sie einzigartig. Entwickeln Sie Ihren eigenen Stil zum Thema Konflikt und Stress. Hiermit können Sie sich einen besonders guten Namen machen, wenn Sie nicht in die gleichen Fußstapfen unserer doch oft militärisch geführten Unternehmensprojekte treten.

Es ist Ihr Projekt. Sie müssen nicht Angst und Schrecken verbreiten! Denken Sie an die Alternativen und definieren Sie, wie viel Druck dem Projekt wirklich guttut!

Sie haben es in der Hand, denn Sie führen!

2.4 Stillstand: Projekte mit ewigem Leben

Manches Projekt läuft über Jahre hinweg, ohne erkennbaren Erfolg, de facto scheint es aber stillzustehen.

Zum einen sind das oft Prestige-Projekte, »Babys« eines hohen Managers, von denen sich dieser nicht trennen kann oder will, um sich keine Blöße zu geben oder vielleicht auch einfach nur, um dem Scheitern seines Lieblingsprojekts nicht ins Auge sehen zu müssen. Es ist dann fast wie Hexerei: Stets bekommt er von irgendwoher Budget, Personal und einen unverbrauchten Projektleiter dafür. Unter marktüblichen Kriterien hätte das Projekt aber schon längst beerdigt gehört ...

Das sind dann meist »kuschelige« Projekte, die den Mitarbeitern und ihrem Projektleiter eine schützende Heimat bieten und die jedes Jahr neu aufgesetzt werden. Frisches Geld und ein frischer Anstrich sollen verschleiern, dass die Vorläufer keine Kassenschlager waren. Damit das nicht allzu offensichtlich wird, werden sie regelmäßig umbenannt und ohne wesentliche Änderungen neu gestartet. Dass es keine nennenswerten Ergebnisse gibt, interessiert niemanden, besonders wenn sich Projektleiter und -mitarbeiter mit der Situation arrangieren und alle stets beschäftigt wirken. Motto: Keiner tut dem anderen weh.

Und es kommt, wie es kommen muss: zum Stillstand bis in alle Ewigkeit.

Es gibt schon Projekte, die gibt es eigentlich gar nicht ... Man könnte annehmen, dass man irgendwann aus Fehlern lernt. Aber Totgesagte leben länger. Und unter diesem Motto versucht man es jedes Jahr aufs Neue. Die Projektwiedergeburt wird vollzogen. Denn in diesem Jahr wird es bestimmt einen vollen Erfolg geben, ist die feste Überzeugung aller.

Was tun, wenn man als Projektleiter solch ein Projekt erbt? Soll man einen Neustart versuchen oder es beerdigen? Da ist guter Rat teuer! Schauen wir doch genauer hin.

Projektheimat: Wie man sich bettet, so lebt man auch!

Dauerbrenner bieten eine Projektheimat. Denn hier ist man einfach zu Hause. Hier bin ich geborgen, hier will ich leben. Denn hier …

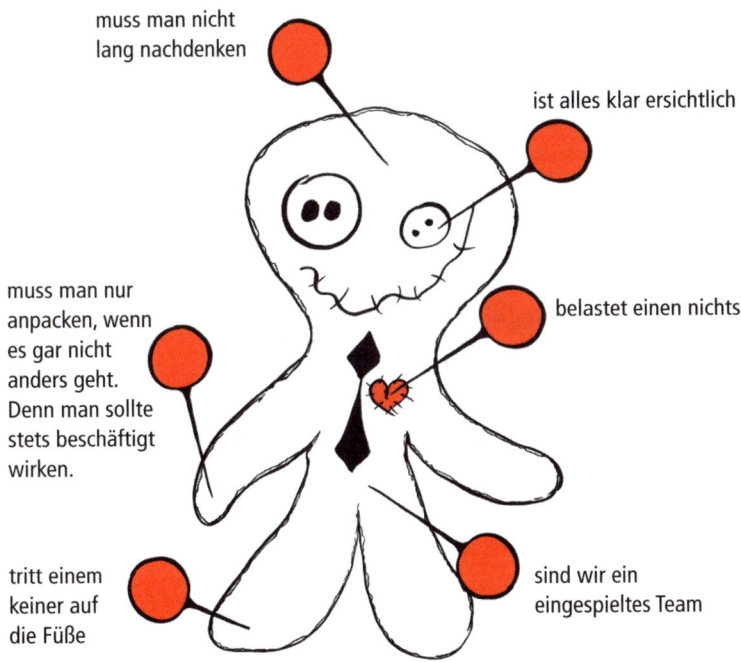

muss man nicht lang nachdenken

ist alles klar ersichtlich

muss man nur anpacken, wenn es gar nicht anders geht. Denn man sollte stets beschäftigt wirken.

belastet einen nichts

tritt einem keiner auf die Füße

sind wir ein eingespieltes Team

Hier fühlt man sich wohl, zumindest die meiste Zeit. Keiner tut dem anderen weh. Alle wollen ja nur das eine, dass es vorangeht. Und hierfür geben sie ihr Bestes. Naja, zumindest meistens. Alles ist betriebsam, man opfert sich sogar in den späten Abendstunden für das Projekt auf. Kurioserweise werden in solchen Projekten Überstunden gemacht. Jeder hat etwas zu tun. Keiner beklagt sich sonderlich über den Projektfortschritt. Es sei denn, es geht auf das Jahresende zu oder eine Führungskraft will eine Projektbilanz ziehen. Dann geht das Hauen und Stechen los. Ansonsten weiß jeder, was zu tun ist, schließlich hat man es ja bereits öfters gemacht.

Neue Projektleiter haben es besonders schwer, die Gehirne durchzulüften. Man könnte meinen, ein kräftiger Durchzug könnte helfen. Leider nicht. Denn die Projektmitarbeiter würden einfach mit einem Schulterzucken, nach dem Motto »Was will der denn hier?«, die Fenster wieder schließen. Sie sind besonders resistent gegenüber neuen Ideen und andersartigen Vorgehensweisen. Das ist doch auch klar, seine Heimat will man schützen und nur sehr selten renovieren oder gar umziehen. Wenn man sich als Projektleiter hier nicht die Zähne ausbeißen möchte, dann braucht man schon eine besonders gute Strategie.

Projektbilanz: Totgesagte leben länger!

Ziehen Sie als Projektleiter eine Projektbilanz, bevor Sie irgendetwas entscheiden und etwas Neues einführen. Das heißt, führen Sie ein *Projektreview* durch. Hüten Sie sich vor schnellen Entscheidungen und blindem Aktionismus. Ansonsten stapfen Sie nur in den gleichen, breitgetretenen Projektpfaden Ihrer Vorgänger.

Lassen Sie sich alle wichtigen Projektunterlagen wie den Zeit- und Ressourcenplan, die Ziele- und Nichtziele-Definition, die Stakeholderanalyse, die Projektumfeldanalyse, die Protokolle, die Lasten- und Pflichtenhefte, die Lessons-Learned-Unterlagen und sonstige schriftlich festgehaltene Absprachen geben. Besonders wichtig sind die Abbruchkriterien der Vorgänger. Analysieren Sie diese und lassen Sie sich beim Analysieren durch den höchsten Projektverantwortlichen unterstützen.

Führen Sie anschließend vertrauliche Zweiergespräche durch. Der folgende Gesprächsleitfaden kann Ihnen dabei behilflich sein. Um das Vertrauen in Ihre Person zu steigern, sollten Sie Ihre Fragenliste vorher an Ihre Gesprächspartner versenden, damit sich diese vorbereiten können und damit sich keine Angst aufbaut. Erfassen Sie die gewonnenen Antworten vollkommen anonym und geben Sie die Ergebnisse zur Abstimmung an Ihre Gesprächspartner. Garantieren Sie die Wahrung der Anonymität und halten Sie sich strikt daran.

 **Nur wenn Sie garantieren können, dass das Interview und seine Ergebnisse anonym behandelt werden, haben Sie eine Chance, überhaupt zum Kern der Probleme vorzudringen.**

Laden Sie mehr Gesprächspartner ein, daran teilzunehmen, als Sie befragen wollen. Führen Sie insgesamt mindestens sieben Interviews durch und versuchen Sie, Vertreter jeder Führungsebene zu befragen. Das Ziel sollte sein, ein möglichst unabhängiges Bild zu bekommen. Fassen Sie anschließend alle Erkenntnisse anonym in einem Bericht zusammen. Dieser Bericht ist nur für Sie und das Projektteam bestimmt und sollte in dieser Form nicht an weitere Empfänger gehen, denn er enthält die nackte Wahrheit und ist ein Abbild der aktuellen Projektstimmung.

PROJEKTREVIEW GESPRÄCHSLEITFADEN

Der Gesprächsleitfaden soll Ihnen einen aktuellen Stand zu folgenden Aspekten geben:
1. den Projektzielen
2. der Planung
3. den Risiken
4. der Organisation
5. den Kommunikationswegen und ihren Absprachen
6. ob ein Change Management durchgeführt wurde

7. wie das Anforderungsmanagement verlaufen ist

8. wie das Qualitätsmanagement aufgesetzt und durchgeführt wurde

9. wie mit den Lieferanten umgegangen wurde

10. der Art der menschlichen Zusammenarbeit

11. der Einbindung des Managements

12. wie wirtschaftlich das Projekt mit seinen Ressourcen umgegangen ist

1. Projektziele

✓ Welche Projektziele und Nichtziele wurden wie und wann abgestimmt?

✓ Waren die Ziele messbar und für jeden klar und verständlich formuliert?

✓ Wurden Meilensteine, also Zwischenziele, geplant? Wie lang wurden die definierten Meilensteine eingehalten? Ab wann wurden sie nicht mehr erreicht? Wie wurde damit verfahren?

2. Planung

✓ Werden in der Führungsebene und im Unternehmen Projektmanagement-methoden als Führungsart geschätzt?

✓ Sind Projektmanagementmethoden etabliert?

✓ Was wurde wie geplant?

✓ Gab es ein Projektphasenmodell?

✓ Gab es eine Basisplanung über alles wie Zeitpläne, Ressourcen, Qualität, Budget und Risiko?

✓ Welche Abschätzmethoden und Annahmen kamen zum Einsatz?

✓ Welche Puffer wurden eingeplant?

✓ Flossen Wünsche der Mitarbeiter in die Planung mit ein?

✓ Gab es eine Liste mit offenen Aufgaben? Wie wurden der Projektfortschritt und die offenen Aufgaben gemonitort?

✓ Wie ging man mit Planungsänderungen um?

✓ Wie sahen die Entscheidungswege aus?

3. Risiken

✓ Wann und wie wurde eine Risikobetrachtung durchgeführt?

✓ Gab es ein Projektrisiko-Frühwarnsystem?

✓ Wie wurden die Stakeholder über Risiken informiert?

✓ Gab es eine Risikoampel? Wann wurde die Ampel für das gesamte Projekt auf GELB und schließlich auf ROT gesetzt?

4. Organisation

✓ Wie wurde die Projektorganisation definiert? Entsprach sie den fachlichen und menschlichen Herausforderungen?

✓ Waren alle Personen auch verfügbar und wurden sie wie geplant eingesetzt?

✓ Gab es örtlich verteilte Teams?

✓ War das Personal für das Projektvorhaben ausreichend?

✓ Fehlten bestimmte Kompetenzen? Wenn ja, welche?

✓ Wurden Projektrollen definiert und gelebt?

✓ Wie waren die Verantwortungen verteilt?

✓ Wie unterstützte die Projektführungsebene das Projekt?

✓ Wer übte wie Druck aus?

✓ Wie war die Erreichbarkeit des Projekteigners, der Projektleitung und der Teil-Projektleiter?

5. Kommunikation, Absprachen und Vorgehen

✓ Wie wurde kommuniziert? (in Gruppen, in Meetings, in Zweiergesprächen, rein schriftlich per E-Mail …)

✓ Welche Art von Meetings gab es? Wie verliefen diese und welche Protokolle wurden geführt? Gab es eine im Vorfeld abgestimmte Agenda?

✓ Gab es eine Kommunikationsatmosphäre, bei der auch unangenehme Dinge angesprochen werden konnten?

✓ Welche Absprachen gab es?

✓ Gab es Teamkonflikte?

✓ Wurden Kommunikationsregeln aufgestellt und gelebt?

6. Change Management

✓ Wurde nach dem erneuten Aufsetzen des Projekts ein Change Management durchgeführt?

✓ Was sind die Unterschiede zwischen dem jetzigen Projektvorhaben und dem Projekt des Vorgängers?

✓ Welche Argumente gab es für einen zweiten Projektversuch?

✓ Gab es, bevor das Projekt zum zweiten Mal aufgesetzt wurde, ein Projektreview?

✓ Wurden Lessons-Learned-Workshops durchgeführt? Welche Ergebnisse gab es?

7. Anforderungsmanagement
✓ Wurden Lasten- und Pflichtenhefte erstellt?
✓ Gab es eine fachliche Trennung zwischen der Anforderungserarbeitung und der Umsetzung?

8. Qualitätsmanagement
✓ Wurde ein Qualitätsmanagement aufgesetzt?
✓ Welche Qualitätskriterien gab es?

9. Lieferantenmanagement
✓ Wie wurden die Lieferanten ausgewählt? Gab es ein Anbietungsverfahren?
✓ Bestehen Zwischenabsprachen zwischen den Lieferanten und dem Projekt?

10. Menschliche Zusammenarbeit
✓ Wurde die Projektleitung von den Projektmitarbeitern und der Führungsebene menschlich und fachlich akzeptiert?
✓ Gab es Schwierigkeiten in der Zusammenarbeit zwischen der Projektleitung und den Mitarbeitern oder zwischen der Projektleitung und der Führungsebene?
✓ Was lief aus Sicht der Mitarbeiter und der Führungsebene gut und was lief nicht so gut?
✓ Gab es Konflikte und Eskalationen in der Führungsebene? Wie verliefen die Eskalationen?
✓ Wie kann man die Arbeitsatmosphäre beschreiben?
✓ Wurden sowohl gute als auch schlechte Arbeitsleistungen angesprochen?

11. Management
✓ Wie verlief die Zusammenarbeit mit der Führungsebene?
✓ Was hätten sich die Mitarbeiter in der Zusammenarbeit mit der Führungsebene gewünscht?
✓ Wie wurde delegiert?

12. Wirtschaftlichkeit
✓ Wurde mit den vorhandenen Ressourcen (sachliche, Budget und Personal) wirtschaftlich gehaushaltet?

Post-mortem-Analyse: tot, töter, am tötesten

Sie haben sich mit dem Projektreview einen guten Überblick über die Gesamtsituation verschaffen können.

Gleichen Sie diese Erkenntnisse mit Ihren Erfahrungen und Ihrem Bauchgefühl ab.

Bevor Sie entscheiden können, wie und ob es weitergeht, müssen Sie sich folgende Bereiche noch genauer anschauen:

- ✓ Was hat das Projekt letztendlich aus der Bahn geworfen? Was waren die endgültigen Abbruchkriterien für das Projekt?
- ✓ Was haben das Projekt und alle Beteiligten aus den vorhergehenden Versuchen gelernt und verändert? Gab es überhaupt Veränderungen oder wurde einfach weitergemacht wie bisher?
- ✓ Haben Sie eine Vorstellung darüber, warum Ihre Projektleiterkollegen gescheitert sind? Diese Frage ist essenziell, denn auf die gleichen Probleme können auch Sie stoßen.
- ✓ Und nun zu Ihrer Person. Was sind die Führungs- und Typunterschiede zwischen den Projektleiterkollegen und Ihnen? Sind Sie sich eher ähnlich oder haben Sie weiterführende Skills, die Ihnen bei diesem verworrenen Projekt nützlich sein könnten?
- ✓ Wer hat etwas davon, wenn das Projekt weitergeführt wird?
- ✓ Personelle Projektbilanz, wer ist hilfreich und wer nicht?

Die alles entscheidende Frage aber ist: Wie fühlen Sie sich mit all diesen Erkenntnissen? Oder genauer:

Was sagt Ihr Bauchgefühl, wenn Sie die Faktenlage ignorieren? Entscheiden Sie jetzt!

Überlegen Sie ganz genau, ob Sie weitermachen wollen oder nicht. Es gibt nur ein »ganz« oder ein »gar nicht«. Alles dazwischen kann Ihren Ruf als professioneller Projektleiter ruinieren. Und was noch viel schlimmer ist, Sie sind nicht mit all Ihrer Kraft bei der Sache. Aber einen hundertprozentigen Einsatz Ihrer Person brauchen Sie, wenn Sie ein solches Projekt erfolgreich zum Ziel führen wollen!

Wenn Sie sich für ein Nein entscheiden, haben Sie die Wahl zwischen einem sofortigen Ende oder einem Projektende mit Würde. Letzteres ermöglicht es, dass alle Beteiligten durch ein Beerdigungsritual mit erhobenem Haupt und genügend Abstand das Projekt beenden.

Neustart: Wie macht man aus einem Zombie eine Jungfrau?

O.k., Sie haben sich entschieden und wollen tatsächlich einen Neustart probieren. Nun brauchen Sie einen revolutionären Neuanfang, sonst geht es Ihnen wie Ihren Vorgängern.

Überlegen Sie im ersten Schritt, was die Bedingungen sind, unter denen Sie weitermachen wollen:

- ✓ Was muss inhaltlich verändert werden?
- ✓ Welche Personen aus dem aktuellen Projektteam sind erfolgs-fördernd und welche eher nicht?
- ✓ Stellen Sie sich Ihr Dream-Team zusammen. Also, wen möchten Sie im Projekt haben und wen nicht?

Bevor Sie den nächsten Schritt einleiten, gehen Sie in die Verhandlung mit Ihren Projektvorgesetzten. Stellen Sie klar, warum Sie diese Bedingungen aufstellen und dass dies kein Wunschkonzert ist, sondern unabdingbare Forderungen sind, wenn das Projekt nun endlich Erfolg haben soll. Bleiben Sie hart. Lassen Sie sich nur dann von Ihren Bedingungen abbringen, wenn der Gegenvorschlag für Sie sinnvoller erscheint!

Klasse, Sie haben es geschafft. (Ich gehe davon aus, dass man Ihren Bedingungen zugestimmt hat.) Nun können Sie sich dem zweiten Schritt widmen. Vergessen Sie nicht:

 **Der Erfolgsschlüssel Nummer eins in Projekten ist der Mensch.**

Also, binden Sie Ihr Team ein. Sensibilisieren Sie Ihr Team für die neue Situation. Und holen Sie sich das Ja Ihres Teams ab. Sie schaffen es nur mit dem Team, welches Sie nun im übertragenen Sinne temporär heiraten werden. Da heißt es so schön, sie sind in guten und in schlechten Zeiten füreinander da. Dieses Gefühl muss zunächst auf Ihr Team überspringen. Aber bitte, führen Sie dazu keine Teambildungsmaßnahme durch! (Über diese unsinnige Aktion lasse ich mich im Kapitel 4 noch ausgiebig aus.) Die meisten Teambildungsaktionen sind manipulativ ausgerichtet. Suchen Sie lieber nach etwas, womit Sie alle Teilnehmer intrinsisch, also von innen heraus, aktivieren können. Etwas, was Spaß macht, woran sich jeder beteiligen kann und das jeder versteht. Etwas, was Energie freisetzt und die alten, schlechten Erfahrungen verarbeitet. Zum Beispiel einen:

PROJEKTUNTERGANGS-WORKSHOP

Führen Sie mit allen Projektteammitgliedern – die Betonung liegt auf *alle*, konkret vom Projektmitarbeiter bis zum Projektverantwortlichen – einen Workshop durch. Stellen Sie zu Beginn sich und die veränderte Situation kurz dar. Gehen Sie anschließend zum wichtigsten Workshop-Punkt des Tages über:

Teilen Sie, je nach Gruppengröße, Ihr Team in Arbeitsgruppen von maximal fünf Personen auf. Jede Gruppe bekommt dieselben folgenden *Projektvernichtungsfragen*, die anschließend in der Gruppe diskutiert werden und zu einer Lösung führen sollen:

- ✓ Was müssen wir tun, damit das Projekt den gleichen Verlauf wie die Vorgängerprojekte nimmt?
- ✓ Was müssen wir tun, damit das Projekt bereits nach drei Monaten den Bach runtergeht?
- ✓ Was müssen wir tun, damit das Projekt nie mehr wieder reanimiert werden kann?

Sie haben richtig gelesen: Es geht darum, das Projekt zu vernichten, und nicht darum, es besser aufzusetzen. Das bedeutet, jede Gruppe muss Vernichtungswege finden. Diese Art, sich mit negativen Erfahrungen auseinanderzusetzen, ist viel effektiver. Wenn Sie versuchen, schöne neue Wege zu finden, hängen Sie gedanklich meist noch in der schlechten Welt. Die Vergangenheit ist noch nicht verarbeitet. Man sucht nach Lösungswegen, ist aber immer noch betriebsblind. In der Regel kommt bei positiven Denkansätzen, wenn es zuvor schlechte Erfahrungen gegeben hat, nur sehr wenig Verwertbares raus.

Die entwickelten Wege stellt jede Gruppe anschließend im Plenum vor. Stimmen Sie gemeinsam im Plenum die besten Vernichtungsansätze einfach per Punkte-Kleben ab. Das heißt, jeder Teilnehmer bekommt pro Frage einen Klebepunkt, also insgesamt drei Klebepunkte. Anschließend wählt jeder Teilnehmer pro Frage die aus seiner Sicht beste Lösung.

Zählen Sie nun die erreichten Punkte pro Frage zusammen. Aus der Fülle der Vernichtungsansätze werden die fünf mit den meisten Punkten weiterverfolgt.

Sie werden feststellen, dass beim Erarbeiten der Vernichtungsansätze eine heitere und ungezwungene Stimmung herrscht. Es macht einfach Spaß, seiner kriminellen Energie mal so richtig freien Lauf zu lassen. Machen Sie als Projektleiter mit. Spielen Sie selber höchstpersönlich den Oberbösewicht.

Nachdem Sie im Team die Top-5-Vernichtungswege ermittelt haben, also die 5 mit den meisten Klebepunkten, drehen Sie die Aufgabe einfach herum. Lassen Sie jede Gruppe eine Strategie erarbeiten, wie sie den Vernichtungsstrategien Einhalt gebieten kann.

Ein Beispiel für eine mögliche Vernichtungsstrategie bei einem Softwareprojekt könnte sein: Es darf kein Datenbank-Back-up geben. Alle Datenbankdaten sollen also nicht gesichert werden, damit bei einem Problem nicht der alte Zustand in die Server eingespielt werden kann. Die Umkehrfrage könnte lauten: Was müssen wir tun, damit wir jederzeit den alten Zustand der Datenbank wieder auf die Server einspielen können?

Lassen Sie, nachdem jede Gruppe ihre Lösungen erarbeitet hat, diese wieder im Plenum vortragen. Diskutieren Sie darüber und gehen Sie langsam zum ernsten Teil über, ohne aber den Spaß an der Sache zu verlieren. Sammeln Sie alle Ergebnisse und überlegen Sie gemeinsam, wie Sie diese nun in das neue Projekt integrieren können.

Sensibilisieren Sie über diesen Workshopansatz das Team für die wahren Projektprobleme. Das Team arbeitet gemeinsam an Lösungen. Es versteht nun, was früher falsch gelaufen ist. Sie bekommen über diesen Weg auch eine Risikobetrachtung, die Sie im Team wieder mit Frühwarnsystemen verfeinern können. Das Team entwickelt mit Ihnen ein *WIR-Gefühl*, ohne eine Teambildungsmaßnahme durchführen zu müssen.

Jetzt können Sie starten. Das gesamte Team ist nun voll und ganz präsent. Es ist mit Ihnen im Hier und Jetzt angekommen und ist bereit, mit Ihnen den Neustart zu gehen.

Projektbeerdigung: Ende gut, alles gut

Sie müssen kein Zombie sein, denn Sie haben immer die Wahl: Wenn Sie nicht die Chance bekommen, das Projekt so aufzusetzen, wie Sie es für richtig halten, dann sollten Sie die Projektleitung definitiv ablehnen. Sie brauchen ein gutes Gefühl, sonst haben Sie bei so einer Projektvorgeschichte keine Chance, es besser zu machen. Egal, wie erfahren Sie sind oder was andere Ihnen um den Bart schmieren wollen.

Nun können Sie sich überlegen, ob Sie die Hände von diesem Projekt ganz lassen oder ob Sie es abmanagen wollen. Mein Vorschlag ist:

 **Schlagen Sie vor, dass Sie das Projekt endgültig beenden. Dass Sie es beerdigen und abmanagen.**

Gerade das endgültige Beenden und Abmanagen ist besonders wichtig. Wenn Sie das Projekt nicht so abschließen, dass es wirklich jeder versteht, dann geistert dieser Zombie weiterhin durch die Unternehmenshallen. Denn dieses Projekt war jahrelang die Heimat des Projektteams. Es war sein Zuhause. Die Projektmitarbeiter wussten immer, was zu tun ist. Ihr Leben war gewissermaßen geregelt. Ungewissheit gab es nur zum Jahresende oder beim Projektneustart.

Diesen Kollegen wird jetzt nicht nur die Heimat genommen, nein, es haftet ihnen auch noch der Schmutz des Versagens an. Es sind die Mitarbeiter, die es nach mehrmaligen Versuchen nicht geschafft haben, ein Projekt erfolgreich zu beenden. Wenn das Unternehmen jetzt nicht wertvolle Mitarbeiter verlieren möchte, dann muss es in die Projektbeerdigung investieren und in die Rehabilitation der Mitarbeiter. Die Projektmitarbeiter und das Unternehmen müssen verstehen, *warum* das Projekt gescheitert ist, damit solche Fehler nicht noch einmal geschehen und damit die Projektmitarbeiter eine Chance haben, zu wachsen und sich den Dreck vom Stecken zu waschen.

Und so funktioniert's:

Stopp! Ende! Exitus! Die Entscheidung ist gefallen. Aber wie beendet man ein Projekt? Was sind die nächsten Schritte und welche Fehler sollte man als Projektleiter auf keinen Fall begehen?

Im Vorfeld wurde viel analysiert. Deshalb sollte es ein Leichtes sein, managementgerecht, also knapp und schlüssig, die Gründe für das Scheitern des Projekts schriftlich aufzubereiten. Dieser Akt ist gleichzeitig auch ein Beweis dafür, wie ehrlich das Unternehmen zu sich selber sein will. Es ist ein Leichtes zu sagen: »Der Projektleiter ist schuld. Schließlich trägt er die Umsetzungsverantwortung.« Aber zum Scheitern braucht es noch mehr.

Achten Sie beim Erstellen des Obduktionsberichts darauf, dass es keine Bauernopfer gibt und dieses Schreiben nicht überdurchschnittlich bereichspolitisch korrekt ist. Falls doch, dann erstellen Sie nach Absprache mit dem Management verschiedene Berichte, einen für das Unternehmen und einen für das Projektteam. Diese Vorgehensweise ist allerdings sehr heikel. Falls Ihr Bauchgefühl sich dabei regelrecht verkrampft, dann sollten Sie Ihre Hilfe beenden. Sie haben keine Chance, für das Unternehmen eine Besserung zu bewirken. Das Unternehmensschicksal von ewigen Zombies wäre dann besiegelt.

Meine Erfahrung zeigt, dass Unternehmen sofort immer etwas politisch Korrektes für die Unternehmensspitze haben wollen. Meistens kann ich die Führungsebene davon überzeugen – wenn Sie sich nicht nach neuen Mitarbeitern umschauen wollen und den Projektfluch endlich beenden wollen –, dass das ganze Thema doch ernsthaft betrachtet werden muss. Deshalb werden in der Regel zwei Berichte erstellt.

Die Berichte sollten ohne Prosa und ohne Schuldzuweisungen die folgenden Dinge sauber darstellen:

- Projektlaufzeit: Start und Ende
- Projekttitel
- Was war das Projektziel (inhaltlich, zeitlich, budgetär und personell) und was waren die Nichtziele?
- Ab wann wurden die Ziele nicht mehr verfolgt? Was führte zur Abweichung?
- Was waren die Abbruchkriterien?
- Bezifferung des unternehmerischen Schadens (budgetär, personell und eventuell das Unternehmensimage)

LESSONS-LEARNED-WORKSHOP

Abschließend sollten Sie noch einmal die Chance ergreifen und die wichtigsten Learnings aus dem Projekt herausarbeiten. Hierzu bietet sich ein Lessons-Learned-Workshop an. Damit verhindern Sie, dass neue Zombies geboren werden, und Sie schaffen für das Unternehmen einen Mehrwert, indem Sie die wichtigsten Projekterrungenschaften sichern. Das könnten beispielsweise Entwicklungen, Daten oder Erkenntnisse sein.

Bringen Sie alle Projektbeteiligten zum Abschluss zu einem Lessons-Learned-Workshop zusammen. Sammeln Sie Antworten zu den folgenden Fragen, entweder mittels Gruppenarbeit oder im Plenum:

- ✓ Was ist gut und was ist besonders gut gelaufen? Welche Gründe gibt es dafür?
- ✓ Was ist schlecht gelaufen? Welche Gründe gibt es dafür?
- ✓ Was hätte man wie besser machen können?
- ✓ Was ist besonders erwähnenswert und sollte für das Unternehmen schriftlich aufbereitet werden?
- ✓ Welche Strategien, Dokumente, Erfindungen, Entwicklungen etc. sollten im Unternehmen weiter genutzt werden?

Bereiten Sie die gefundenen Antworten für die Projektnachwelt so auf, dass auch Projektunbeteiligte etwas damit anfangen können. Entscheiden Sie anschließend, wer im Unternehmen die Learnings gebrauchen kann und wie diese verteilt werden sollen.

Der Lessons-Learned-Workshop ist auch eine gute Gelegenheit, das Projekt endgültig aus den Köpfen zu vertreiben und anschließend tief unter die Erde zu bringen.

Projektbeerdigungen

Projektbeerdigungen dienen dazu, Verlustängste, Gründe des Scheiterns und die Angst vor dem unbekannten Neuen zu verarbeiten. Meist wird einem erst dann richtig bewusst, dass das Projekt wirklich beendet ist. Gerade dann, wenn Sie ein Projekt haben, bei dem die Projektmitarbeiter über Jahre zusammengearbeitet haben, brauchen Sie eine rituelle Handlung, um alles begreifbar zu machen. Aber ein Projektbeerdigungsritual ist auch dann nützlich, wenn ein sehr emotionsgeladenes Projekt abrupt beendet wird. Wie es oft in Akquiseprojekten in beispielsweise Design- und Architekturagenturen der Fall ist.

Die Ausprägung von Projektbeerdigungsritualen ist abhängig von der Dauer des Projekts und davon, wie verbunden die Projektmitarbeiter mit dem Projekt waren. Die einfachste Art ist die, dass in einem Abschlussmeeting alle Projektbeteiligten noch einmal abschließend ein paar persönliche Worte zum Projekt sagen. Dabei werden diese Worte nicht an den Projektleiter oder andere Kollegen gerichtet. Die kurzen Ansprachen können davon handeln, wie sich der Redner gerade fühlt und was er dem Projekt für die Zukunft wünscht. Dabei können Sie sich das Projekt als imaginäre Wolke im Raum vorstellen oder in Form eines anderen passenden Projekt-Objekts materialisieren. Wenn sich Kollegen nicht äußern wollen, dann ist es auch okay. Es besteht kein Zwang, es darf nicht aufgezeichnet werden oder sonst irgendwie verwertet werden.

Ein ganz besonderes Projektritual habe ich mal unter Softwareentwicklern durchgeführt. Hier wurde das Projekt in ein Schwarzes Loch gehoben, wo es in die Unendlichkeit des Weltraums verschwand.

Lassen Sie als Projektleiter, also hier nun in der Doppelrolle als Beerdigungsausrichter, Ihrer Kreativität freien Lauf. Es sollte nur nicht pietätlos sein und die Angelegenheit ins Lächerliche ziehen. Denken Sie daran, dass die Projektmitarbeiter ernsthafte Gefühle für ihre Projektheimat gespürt haben.

Kompakt

Der Begriff »Stillstand« ist schon etwas irritierend, denn in der Regel läuft das Projekt. Und es läuft und läuft, bis gar nichts mehr läuft. Gefühlt hat das Projekt ein ewiges Leben. Aber in der Realität scheinen diese Projekte stillzustehen und jeglicher Projekt-Herzschlag ist abhandengekommen.

Dass dies für Unternehmen in der Regel alles andere als wirtschaftlich ist, versteht sich von selbst. Gerade wenn Sie als Projektleiter auch noch so einem Projekt zum x-ten neuen Leben verhelfen sollen, dann müssen Sie sich genau überlegen, ob Sie das können und ob Sie in solch einer verfahrenen Situation überhaupt arbeiten wollen.

Dabei ist es wichtig, sich von seinen wahren Gefühlen leiten zu lassen. Einen Projektleiter-Ehrenkodex, weshalb Sie unbedingt das Projekt übernehmen müssen, gibt es übrigens nicht. Lassen Sie sich hier nichts einreden. Es geht nur darum, ob Sie in der Lage sind, etwas zu verändern, Ja oder Nein. Alles andere zählt hier nicht.

In der nachfolgenden Grafik werden die Empfehlungen noch einmal zusammengefasst.

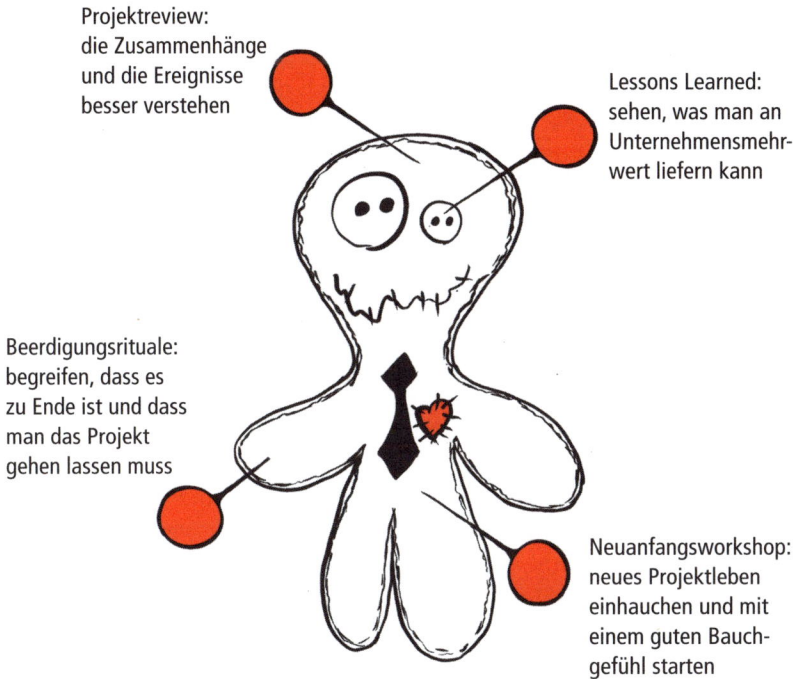

Projektreview:
die Zusammenhänge
und die Ereignisse
besser verstehen

Lessons Learned:
sehen, was man an
Unternehmensmehr-
wert liefern kann

Beerdigungsrituale:
begreifen, dass es
zu Ende ist und dass
man das Projekt
gehen lassen muss

Neuanfangsworkshop:
neues Projektleben
einhauchen und mit
einem guten Bauch-
gefühl starten

Projekt-Voodoo-Tipp

Menschen sind keine Projektdokumente und haben auch keine Res-
sourcennummer, die man einfach nach Projektende zu den Akten
legen kann. Menschen sind lebende Wesen mit Gefühlen, die neue
Chancen sehen wollen und auch manchmal ein Stück begleitet werden wollen. Deshalb können Sie Beerdigungsrituale auch beim regu-
lären Projektende anwenden. Denn auch hier geht für alle Projektbeteiligten eine Projektära zu Ende, die es gilt, bewusst einzuleiten.

Die allgemeinen Grundlagen zu den rituellen Handlungen und weitere effektive Projektrituale lernen Sie in Kapitel 4 kennen.

2.5 Zusammenfassung

Eins ist gewiss. Sie sind mitten unter uns[3]: die Zombie-Projekte. Sie sind die größte Projektbedrohung für Unternehmen, die ohne Projekte nicht existieren könnten.

Konventionelles Projektdenken ist sinnlos. Unwissende Projektleiter sind die treuesten Verbündeten der Zombies. Nur der Projektleiter, der seinen Verstand und Projekt-Voodoo anwendet, befreit die Unternehmen von den Zombie-Projekten. Er führt sein Unternehmen sogar in eine neue Projekt-Ära, in der der Mensch das wichtigste Gut im Projekt wird.

Die erste Zombie-Projekt-auslösende Bedrohung, die *»Besessenheit«*, hat Ihnen gezeigt, wie Sie mit Projekten umgehen, die in ewiger Projekttrance verweilen. In diesen Projekten gibt es kein Vor und Zurück. Hier heißt es, die Zähne zusammenzubeißen und die Projektinflation zu hinterfragen. Braucht man wirklich für alles ein Projekt? Und muss wirklich jeder Prozess durchlaufen werden? Bestimmt nicht. Der geschickte Umgang mit den Prozessfallen verhilft Ihnen zu deutlich mehr Geschwindigkeit.

Die zweite Zombie-Projekt-auslösende Bedrohung, der *»Fluch«*, hat Ihnen deutlich gemacht, wie hart es Sie treffen kann, wenn Sie ohne ordentliche Planung das Projekt viel zu früh starten. Hier haben Sie gelernt, wie Sie in minimalster Zeit die versäumte Planung nachholen können.

Die dritte Bedrohung, die *»Angst«*, hat Sie in die Projekthöhle des Grauens geworfen. Die immer dann da ist, wenn Hierarchie Kompetenz schlägt und Druck und Stress erzeugt. Aber auch, wenn in Projektkonflikten die Keulen geschwungen werden. Mit den richtigen Konfliktspielregeln, einem Frühwarnsystem und Projektrelaxingmethoden hat diese Bedrohung keine Chance mehr, Ihr Projekt zu erdrücken.

Durch die vierte Bedrohung, den »Stillstand«, hat sich nichts mehr bewegt. Projekte mit ewigem Leben kosten Kraft, Ressourcen und viele Nerven. Hier haben Sie erprobte Methoden zur effektiven Wiederbelebung kennengelernt und erfahren, wie Sie Zombie-Projekten den letzten Lebensgeist aushauchen können.

Die Gesichter der wichtigsten Zombie-Projekte habe ich Ihnen nun vorgestellt. Sicherlich waren Ihnen diese vorher schon vertraut. Aber nun haben Sie einen Vorgeschmack bekommen können, wie mächtig Projekt-Voodoo sein kann. Steigen Sie nun ein und werden Sie zum Projekt-Voodoo-Master.

Kapitel 3

PROJEKT-VOODOO-METHODE

3 Projekt-Voodoo-Methode

Projekt-Voodoo ist eine vollkommen neue Projektstrategie. Es setzt da auf, wo das klassische Projektmanagement versagt, und sorgt somit für den entscheidenden Erfolgsfaktor. Die größte Power erhalten Sie aber, wenn Sie klassisches Projektmanagement mit der Projekt-Voodoo-Strategie kombinieren.

 **Der alles entscheidende Erfolgsfaktor im Projekt-Voodoo ist der Mensch.**

Nicht Richtlinien, nicht Prozesse und schon gar nicht die überall beliebten Checklisten, an die sich viele Projektleiter klammern, wenn sie keinen Ausweg mehr finden. Sondern der Mensch mit all seinen Facetten, seinen Ängsten, seinen Wünschen und Bedürfnissen, seine Motivation und seine Stärken stehen hier im Vordergrund. Aber nicht nur der Mensch als Projektkollege, sondern auch Sie als Mensch sind mindestens genauso wichtig. Wenn Sie sich selber kennen, Sie all Ihre Wünsche und Bedürfnisse selber berücksichtigen, auf Ihre Intuition hören und sich eine Projektatmosphäre schaffen, die voll und ganz Ihnen entspricht, können Sie über sich hinauswachsen. Dann steht Ihrem Erfolg nichts mehr im Weg. Und das allgegenwärtige drohende Projektleiter-Burn-out hat keine Chance, in Ihrem Leben zu wüten. Denn der meiste Projektstress ist hausgemacht.

Wenn Sie es schaffen, all diese menschlichen Faktoren, also Ihre und die der anderen Projektbeteiligten, in Ihren Projekten zu berücksichtigen, dann sind Sie ein wahrer Projekt-Voodoo-Master.

Die Projekt-Voodoo-Methode besteht aus vielen Elementen, die Sie auf den folgenden Seiten nun kennenlernen werden. Hier erfahren Sie,

- warum der Mensch mit seinen Bedürfnissen am wichtigsten ist,
- wie die Projekt-Voodoo-Prinzipien dabei helfen, das Ziel nie aus den Augen zu verlieren,
- wie der Projekt-Voodoo-Entscheidungsprozess Ihren Fokus auf die Entscheidung lenkt,
- wie Sie durch die Projekt-Voodoo-Krisenintervention wieder schnell ins Handeln kommen,
- wie Sie die Projekt-Voodoo-Puppe als Krisenkompass nutzen können.

Und natürlich erfahren Sie, wie Sie all dieses Wissen für ein effektiveres Projektmanagement einsetzen können. Beginnen wir also gleich mit dem Wesentlichen: den Projekt-Menschen.

3.1 Projekt-Menschen: die unbekannten Wesen

In den vorhergehenden Kapiteln und besonders im Kapitel 2.3 habe ich Sie aufgefordert, nach dem WARUM zu forschen. Sie wissen sicher noch, dass in der Kommunikation die Fragen nach den unbekannten Gründen den größten Anteil einnehmen. Dieser Anteil wird im Eisberg-Modell mit etwa 6/7 der Gesamtinformation in einer Gesprächssituation beziffert. So groß ist also der Anteil, der uns in der Kommunikation verborgen bleibt. Deshalb ist die Frage nach dem WARUM, also mit welchem Motiv jemand handelt und welche Bedürfnisse ihn bewegen, die zentrale Frage für die Lösungsfindung.

Wie Sie bereits mehrmals lesen konnten, ist der Mensch der Erfolgsfaktor Nummer eins für Ihr Projekt. Jedes Projekt steht und fällt mit den Menschen, die es durchführen. Hand aufs Herz: Wie intensiv beschäftigen Sie sich mit Ihren Kollegen oder mit sich selber? In der Regel eher wenig bis gar nicht. Es sei denn, es gibt Projektkonflikte. Dann müssen wir uns des leidigen Themas »Mensch« annehmen.

Es stellt sich nun die Frage, warum klassisches Projektmanagement den Menschen nicht berücksichtigt. Dabei ist es von Menschen für Menschen entwickelt worden. Zum Glück sehen immer mehr Unternehmen, dass ihre Projektleiter hier Nachholbedarf haben, und schicken diese auf Kommunikations- und Konfliktmanagementseminare. Aber damit ist es nicht getan. Der Mensch benötigt viel mehr. Gerade die Beachtung der weichen Faktoren, wie zum Beispiel Bedürfnisse und Ängste, sorgt für ein problemloses Projektmanagement. Aber auch Intuition und Kreativität schrecken viele Projektleiter ab. Dabei sind gerade diese Themen für den Projekterfolg essenziell. Die Angst vor den weichen Themen ist aber auch verständlich. Weiche Faktoren sind angeblich nicht planbar, und gerade Projektleiter wollen alles planen können. Um jedoch ein exzellenter Projektleiter zu sein, brauchen Sie neben einem reichen Erfahrungsschatz mindestens in den drei Wissensfeldern wie dem klassischen Projektmanagement, der Führung und der emotionalen Intelligenz ein dickes Kompetenzkonto. Hier setzt Projekt-Voodoo auf als Kombination aus diesen drei Disziplinen.

Schauen wir uns mal den Menschen, das unbekannte Wesen, das, was ihn ausmacht und er sich wünscht, genauer an.

Im Wesentlichen müssen wir für unsere Arbeit als Projektleiter die folgenden menschlichen Aspekte genauer verstehen:

- die Arbeit des Stammhirns
- die Instinkte und wie sie unser Handeln beeinflussen
- unsere Emotionen
- die Beeinflussung durch Motivation und Bedürfnisse
- den geistigen Ballast, den wir mit uns herumschleppen, und somit die Beschränkungen durch unsere eigene Vorstellungskraft
- unsere Intuition
- die Art und Weise, wie wir normalerweise Entscheidungen fällen

Stammhirn: Notfallroutinen der Urzeit

Die Spezies Mensch besteht schon seit vielen Hunderttausend Jahren. In Kapitel 2.3 »Angst« haben wir uns ausgiebig mit dem Stammhirn, auch Reptiliengehirn genannt, auseinandergesetzt. Da das Stammhirn in unserer Evolution als Erstes entwickelt wurde und somit unser Überleben gesichert hat, ist es auf die drei wichtigsten Aktionen in Krisensituationen programmiert: Flucht, Angriff und Starre.

Diese Notfallroutinen führt unser Stammhirn heute immer noch aus. Tagtäglich, im privaten wie im beruflichen Umfeld. Ob wir wollen oder nicht. Nur mit dem kleinen Unterschied, dass die wenigsten Projekte wirklich in lebensbedrohliche Situationen geraten. Obwohl uns das durchaus bewusst ist, fallen wir trotzdem verbal über unsere Kollegen her, ziehen uns zurück oder leugnen Probleme, wenn der Projektdruck nur groß genug ist. Wir selber können gegen diese Gehirnprozesse nichts unternehmen, außer Druck und Stress vermeiden. Denn eins ist sicher: Angst ist nie ein guter Ratgeber.

Aber es kommt noch schlimmer. Der Druck muss noch nicht einmal von außen kommen. Indem wir auf uns selber Druck ausüben, machen wir uns geistig zum Neandertaler. Übersteigerte Selbstzweifel,

Perfektionismus und es jedem recht machen zu wollen sind ebenfalls Methoden, die unser Überlebenssinn aktiviert.

Die Gesamtsituation scheint verzwickt, ist aber nicht ausweglos. Wie Sie eine vertrauensvolle und stressfreie Arbeitsatmosphäre erzeugen können, damit möglichst wenig animalisches Erbe in uns aufsteigt, lesen Sie in Kapitel 4.1 zum Thema »Beschwören: Alle ziehen an einem Strang«.

Instinkt: doppelter Boden des Überlebenssinns

Instinkte sind angeborene Verhaltensmuster, auch Antriebe genannt, die uns schon als Kleinkind das Überleben sichern. Dazu gehören Muster wie der Saug- und Greifreflex eines Neugeborenen, aber auch der Atemreflex. In Summe gibt es mehr als 6000 Instinkte, die einfach so, ohne unser Zutun, ablaufen. Instinkte sind viel schneller als unser Denken. Dabei darf man nicht außer Acht lassen, dass viele Instinkte bzw. die daraus resultierenden Verhaltensmuster aus einer Zeit vor ein paar Hunderttausend Jahren stammen, wo unser natürlicher Lebensraum noch in der Savanne lag. Wer lebt schon heute noch in dieser Umgebung? Deshalb gibt es nützliche und weniger nützliche Instinkte.

Die folgenden Instinkte finden Sie auch heute noch in Ihren Projektkollegen:

- Kampfinstinkt
- Fehlervermeidungsinstinkt
- Angstinstinkt
- Fortpflanzungsinstinkt
- Schutzinstinkt
- Sozialinstinkt

Der Kampfinstinkt:

Von Natur aus sind wir Gewinnertypen. Wir werden mit guten Gefühlen belohnt, wenn wir siegen. Konkret wird dabei der Neurotransmitter Dopamin ausgeschüttet, der bei uns Endorphine, also Glückshormone, freisetzt. Weil danach so mancher Projektmitarbeiter oder so manche Führungskraft süchtig ist, ist klares Denken Fehlanzeige.

Der Fehlervermeidungsinstinkt:

Er ist dafür verantwortlich, dass wir weniger Fehler machen. Das heißt, es wird das Stresshormon Cortisol ausgeschüttet. Dieses trifft auf das Adrenalin und sorgt für Panikattacken. Läuft es nicht rund für uns, bekommen wir Magenschmerzen, werden unruhig oder die Knie werden weich.

Der Angstinstinkt:

Verhilft uns zu fast unmenschlichen Kräften. Der Herzschlag erhöht sich, die Kampflust steigt. Dann werden harmlose Projektmitarbeiter plötzlich zu Hyänen.

Der Fortpflanzungsinstinkt:

Auch er wütet in Projekten. Haben Sie schon einmal erlebt, wie eine Führungskraft oder ein Projektleiter liebevoll von seinem »Projektbaby« spricht? Wenn Sie dies hören, dann ist höchste Achtung geboten, denn sein Baby beschützt man mit Leib und Seele.

Der Schutzinstinkt:

Bricht meist dann durch, wenn Projektfremde dem Projekt etwas antun wollen. Wir wollen dann unser Projektteam verteidigen, koste es, was es wolle.

Der Sozialinstinkt:

Sorgt dafür, dass wir nicht für jeden aus unserem Team über heiße Kohlen gehen würden. Das tun wir nur für denjenigen, der auch uns etwas Gutes tun würde. Somit sorgt der Sozialinstinkt für das Wir-Gefühl.

Instinkte sind schneller als unser Denken und führen oft zum blinden Aktionismus. Deshalb ist es wichtig, als Projektleiter einige davon zu kennen.

 **Schauen Sie sich als Projektleiter die Instinkte Ihrer Kollegen einmal genauer an.**

Notieren Sie sich die Instinkte, die sich bei Ihren Mitarbeitern besonders häufig zeigen. Dann können Sie zukünftig in schwierigen Situationen schneller und passender reagieren und werden nicht von den Urinstinkten der Kollegen überrascht.

Emotionen: Mensch versus Zombie

Unsere Emotionen machen uns als Spezies einzigartig. Emotionen sind psychophysische Reaktionen auf bestimmte Situationen. Das heißt, Emotionen zeigen uns, ob etwas gefährlich oder positiv verlaufen wird oder ist. Dabei entstehen Gefühle, die subjektiv wahrgenommene Reaktionen auf Emotionen darstellen. Wir bekommen ein flaues Bauchgefühl, wenn es brenzlig wird, oder wir spüren buchstäblich Schmetterlinge im Bauch, wenn wir Glücksgefühle bekommen.

Wenn wir diese Emotionen mit einem Ziel verknüpfen, entsteht ein Motiv. Da wir die Emotionen und deren Gefühle auskosten wollen, streben wir auch das Motiv an. Nun müssen wir nur noch diesen Verknüpfungsprozess von Emotion und Ziel, also das Motiv, stetig aktualisieren, dann entwickeln wir daraus eine Motivation für die Zielerreichung.

Ganz so einfach ist es dann leider mit der Motivation doch nicht.

Motivation und Bedürfnisse: vermeintliche Stellschrauben

Mythos Motivation. Ob uns etwas begeistert und motiviert, ist das eine. Viel wichtiger ist es, ob alle unsere Bedürfnisse befriedigt werden, ob ich mich entfalten kann, ob ich genügend Sicherheiten habe. Diese Dinge beeinflussen unser Denken und Handeln als Mensch. Somit muss sich auch ein Projektleiter mit diesen menschlichen Aspekten beschäftigen.

Es gibt viele Herangehensweisen zum Thema Motivation. Einige sind rein theoretisch, einige wurden empirisch belegt und wiederum andere konnten konkret neurowissenschaftlich nachgewiesen werden. Für das Projekt-Voodoo sind die belegten Erkenntnisse die wichtigsten, auf diese wird deshalb detaillierter eingegangen. Aber vorneweg: Es gibt zwei sehr bekannte Modelle, die bereits aus den 1950er-Jahren stammen. Diese sind

- die *Bedürfnispyramide* nach Maslow, die nach Wachstums- und Defizitmotiven unterscheidet
- und das *Zwei-Faktoren-Modell* von Frederick I. Herzberg, das zwischen Hygienefaktoren und Motivatoren unterscheidet.

Man bedenke aber: Beide Modelle sind über 60 Jahre alt, und als diese erarbeitet wurden, hatte die Menschheit gerade einen verheerenden Krieg hinter sich gebracht und demzufolge ganz andere Bedürfnisse als wir heute im 21. Jahrhundert haben. Über beide Modelle wurde in der Motivationsliteratur bereits ausführlich berichtet, deshalb wird darauf nicht näher eingegangen.

Viele weitere Forscher haben sich mit dem Motivationsthema beschäftigt und ihre eigenen Persönlichkeitsprofile und Modelle entwickelt. Gerade in Projektteams werden gerne Analysetools benutzt, damit man Mitarbeiter klassifizieren und vergleichen kann. Es gibt einfach das Grundbedürfnis, Menschen in Schubladen zu stecken. Ein gravierendes Problem haben dabei aber alle Tools, bei denen die zu Analysierenden selber aus einer Sammlung von Fragen die für sie passenden Antworten aussuchen müssen.

Denn hier geht es darum, die eigene Persönlichkeit zu beschreiben. In diesem Fall schlägt der Forer-Effekt, auch Täuschung durch persönliche Validierung, zu. Der Psychologe Bertram R. Forer hat nachgewiesen, dass Menschen dazu neigen, sich selbst zu täuschen und allgemeingültige Aussagen zur eigenen Person gerne als wahr anzunehmen. Dies erlebt man besonders häufig bei Horoskopen, Persönlichkeitstests, aber auch bei der allgemeinen Profil-Gläubigkeit. Die aus diesen Analysetools generierten Ergebnisse können in Teilen auch zutreffen. Aber es ist absolute Vorsicht geboten, denn sie stellen höchstens eine Persönlichkeitstendenz dar, mehr nicht.

Hier gebe ich gerne den Projekt-Voodoo-Tipp:

 **Machen Sie sich lieber Ihr eigenes Bild über Ihre Projektmitarbeiter und seien Sie nicht zu methodenhörig.**

Durch vertiefende Motivkenntnisse seiner Mitmenschen können Sie deren Reaktionen besser begreifen beziehungsweise abschätzbarer machen. In Summe wird der Umgang miteinander deutlich einfacher.

 **Achten Sie einmal auf das Verhalten, die Körpersprache und die Wortwahl Ihrer Kollegen, wenn diese zu einem Ihrer Vorschläge Stellung beziehen. Können Sie deren Motive erahnen?**

Kommen wir nun zu den wichtigsten, wissenschaftlich bestätigten Modellen der neueren Zeit.

Intrinsisches und extrinsisches Motivationsmodell

Wenn wir *intrinsisch* motiviert sind, wollen wir etwas aus eigenem Willen tun, einfach deswegen, weil es uns Spaß macht und reizt.

Wenn wir dagegen *extrinsisch* motiviert sind, wollen wir Nachteile vermeiden und streben die Vorteile an, also unseren Gewinn.

Prinzipiell hat der Mensch beide Motive. Welches gerade bevorzugt wird, ist individuell unterschiedlich.

Leistungsmotivationstheorie

Die Leistungsmotivationstheorie von David McClelland, Professor an der Harvard Medical School in Cambridge, beschreibt, wie Motive mit der Ausschüttung bestimmter Neurotransmitter verbunden sind.[4] Dabei wurden die Konzentrationsveränderungen bestimmter Neurotransmitter nachgewiesen. Neurotransmitter sind biochemische Botenstoffe, die Zellinformationen von einer Zelle zur anderen weitergeben. Der wohl bekannteste Neurotransmitter ist das Dopamin, welches uns Glücksgefühle beschert.

McClelland beschreibt in seiner Theorie, dass Motivation aus der Handlungsbereitschaft und der Energie für ein zielgerichtetes Verhalten entsteht. Die Handlungsbereitschaft nennt er auch Triebkraft. Die Energie kommt dabei aus den intrinsischen und extrinsischen Motivationsquellen. Das bedeutet, dass wir unser Ziel erreichen, wenn unsere Handlungsbereitschaft (mentale Triebkraft) mit unserer Willenskraft (mentale Energie) zusammentrifft. Dabei wird dargestellt, dass sowohl die Handlungsbereitschaft als auch die Willenskraft erlernbare Fähigkeiten sind.

Von McClelland stammen die drei Hauptmotive: Macht-, Zugehörigkeits- und Leistungsmotiv.

- Beim *Machtmotiv* wollen wir die Kontrolle behalten, Einfluss nehmen und in Entscheidungen eingebunden sein.
- Das *Zugehörigkeitsmotiv* sorgt dafür, dass wir uns sicher fühlen und Zuwendung bekommen.
- Beim *Leistungsmotiv* stehen unsere Leistung sowie deren Fortschritt und Anerkennung im Vordergrund.

Die Kenntnisse über intrinsische und extrinsische Motive sowie die Leistungsmotivtheorie sind wichtige Bausteine für den Umgang mit Ihrem Projektteam. Das bedeutet, dass Sie die Aufgaben entsprechend der persönlichen Motivationsneigung verteilen müssen.

Auch bei Entscheidungen spielen diese fünf Motive eine wichtige Rolle. Maschinen fällen Entscheidungen mit einem klaren Ja oder Nein. Bei Menschen ist dies aber definitiv nicht der Fall. Hier spielen immer die eigenen Motive eine wichtige Rolle. In den vorhergehenden Kapiteln habe ich öfter davon gesprochen, dass wir nach dem WARUM fragen müssen. Also, warum ein Mensch so handelt, wie er handelt. Und dieses WARUM können Sie sich am besten beantworten, wenn Sie nach den ganz persönlichen Motiven Ihrer Mitmenschen suchen.

Ballast: klares Denken Fehlanzeige

Seelischer Ballast beschränkt unser Selbstvertrauen, unsere Kreativität, unseren Handlungsfreiraum und vor allem unsere Entscheidungsfähigkeit. Dabei entsteht geistige Beschränkung mehr oder weniger durch die folgenden Themen:

- Glaubenssätze
- Traditionen
- Prozesse
- Regeln
- Normen
- Standards
- Rituale
- Dogmen
- Tabus
- innere beschränkende Einstellungen und Überzeugungen
- verinnerlichte negative Aussagen
- Ängste, gefestigt durch Erzählungen und die eigene Erfahrung

Jeder schleppt eines oder mehrere dieser Päckchen mit sich herum. Aber wie wird man diesen Ballast los? Braucht es das überhaupt für das Projektmanagement?

Vorab, ich mache keine Psychotherapie mit Ihnen. Im Gegenteil, ich bin der Überzeugung, dass dieser Ballast einen großen Teil unseres Menschseins und unseres Charakters ausmacht. Daran herumdoktern, wie es zurzeit Mode ist, sollte man nur, wenn der Ballast wirklich hinderlich ist und somit unser Handeln und unsere Entscheidungsfähigkeit einschränkt.

Mit einem bestimmten Ballasttyp kämpfen wir in Projekten überproportional häufig. Denn als Projektleiter wird man ständig mit Einwänden zu Entscheidungen konfrontiert. Die wenigsten sind dabei qualifiziert und zielführend. Die meisten stammen von unserer geistigen Unternehmensrecyclinganlage für schlechte Regeln, Dogmen und Tabus.

Einige Klassiker sind:

- »Das haben wir schon immer so gemacht!«
- »Die Prozesse müssen eingehalten werden, komme, was wolle!«
- »Davon verstehen wir zu wenig!«
- »Da gibt es technische Hindernisse!«
- »Haben wir schon versucht!«
- »Das kostet doch viel zu viel!«
- »Dazu sagt das Management bestimmt Nein!«
- »Passt nicht zu uns!«

Zukünftig können Sie diese Frage einfach entkräften, indem Sie wieder auf Ihre Verstandesebene wechseln. Fragen Sie sich einfach:

 **»Was an meinem geistigen Ballast behindert mein Handeln?«**

Nachdem Sie sich selber diese Frage beantwortet haben, setzen Sie nach. Fragen Sie sich:

»Was würde ich tun, wenn ich diesen Ballast nicht hätte? Und was muss ich tun, damit ich diesen Ballast nicht mehr habe?«

Okay, jetzt haben wir doch ein Mini-Coaching gemacht. Aber bitte, mehr braucht es wirklich nicht. Diese Fragen können Sie jedem Ihrer Mitarbeiter stellen. Und Sie können sich diese Fragen auch jederzeit selber stellen, wenn Sie etwas im wahrsten Sinne belastet.

Emotionale Intelligenz: Schlüssel zum Erfolg

Unter emotionaler Intelligenz versteht man den Umgang mit Emotionen. Dabei ist sowohl der Umgang mit eigenen als auch der mit fremden Emotionen gemeint. Emotionen lösen körperliche Prozesse aus. Es ist egal, ob die gefühlten Emotionen real sind oder ob man sich diese nur vorstellt. Die körperlichen Reaktionen sind trotzdem real spürbar. Gerade sie sind es auch, die im Projekt-Voodoo ein Schlüssel zum Erfolg sind. Wenn wir es schaffen, diese Körpergefühle zu spüren und wahrzunehmen, erweitern wir unser Bewusstsein, genauer gesagt, unser Körperbewusstsein. Nun müssen wir dieses Körperbewusstsein nur noch analysieren, damit sich daraus die Intuition entwickeln kann. Wenn wir das Körperbewusstsein aktiv nutzen können, werden wir unschlagbar schnell in unseren Entscheidungen. Denn ab nun hilft uns unsere Intuition, der Verstand hat Sendepause.

Unter der emotionalen Intelligenz versteht man aber weitaus mehr. Neben dem Bewusstwerden der eigenen und fremden Gefühle sollen diese auch beeinflusst und reguliert werden können. Und natürlich soll man die Emotionen leben und sprachlich ausdrücken können. Für unser Vorhaben ist es aber erst einmal ausreichend, wenn wir Emotionen bewusst wahrnehmen und beteiln können.

Intuition: wie der Blitz, schnell und treffsicher

Die Intuition sagt Ihnen, rein aus dem Bauchgefühl heraus, also ohne den Verstand zu nutzen, was richtig und was falsch ist. Dabei nutzt die Intuition unser Unterbewusstsein, welches etwa mit dem Faktor 300 000 mehr wahrnehmen kann als unser Verstand. Allerdings, wie es der Begriff bereits ausdrückt, geschieht die Wahrnehmung unterbewusst und mit einer rasenden Geschwindigkeit.

Bevor wir unserer Intuition trauen, müssen wir gelernt haben, unsere Körpersignale und Gefühle zu deuten. Haben wir bisher nie eine erfolgreiche Empfehlung unserer Intuition erhalten, wird immer der Verstand das Kommando übernehmen. Das bedeutet aber auch, dass uns viele wichtige Informationen für die Entscheidung für immer verborgen bleiben.

Die Intuition ist einer der Schlüssel für das Projekt-Voodoo. Deshalb zeige ich Ihnen nun, falls Sie es verlernt haben, wie man wieder zu seinem Bauchgefühl findet.

 **Führen Sie ein ganz privates Projekttagebuch, in dem Ihre seelischen und körperlichen Zustände, aber auch die objektiven Fakten, Ereignisse und Entscheidungen stichwortartig dargestellt werden. Notieren Sie sich auch, wie Ihr Bauchgefühl entschieden hätte.**

Nun müssen Sie nur in regelmäßigen Abständen, zum Beispiel jeden Freitag kurz vor dem Weg ins Wochenende, das Ganze analysieren. Hierzu gleichen Sie die Gefühls- und Bauchentscheidungswelt mit der Verstandeswelt, also dem Ereignis und Ihrer gefällten Entscheidung, ab. So lernen Sie spielend leicht, ob Ihr Bauchgefühl richtigliegt und was Ihnen Bauchschmerzen oder Schmetterlinge verursacht.

Der menschliche Körper ist wie eine emotionale Landkarte. In der Projekt-Voodoo-Welt gibt es elf neuralgische Punkte, die wir gleich vertiefen werden. Deshalb achten Sie am besten jetzt schon auf mehr körperliche Gefühle und Reaktionen als nur auf jene, die im Bauch entstehen.

Da es auch wichtig ist, dass Ihr Projektteam auf Ihre Emotionen und Gefühle vertraut, können Sie diese Methode für Ihr Team abwandeln. Hierzu sollten Sie zum Beispiel im wöchentlichen Jour fixe oder immer dann, wenn Entscheidungen anstehen oder gefallen sind, nach dem Bauchgefühl Ihrer Mitarbeiter fragen. Gehen Sie, nachdem die Entscheidung ausgeführt wurde und das Ergebnis sichtbar ist, diese Methode noch einmal durch und reflektieren Sie gemeinsam im Team, ob man mit dem Bauchgefühl richtiglag oder nicht. Bei dieser Übung lernen Sie ganz nebenbei auch die emotionale Welt Ihrer Projektmitarbeiter genauer kennen.

Aber nicht jeder kann Gefühle sofort spüren, und manchem fehlt gar die sprachliche Umschreibung für das Gefühl. Um ein höheres emotionales Bewusstsein zu erlangen, gibt es ein paar Fragen, die Sie allein oder auch im Team beantworten können. Dabei sollten Sie zu Beginn eine kurze Wortsammlung machen, in der Gefühle mit nur einem Begriff beschrieben werden. Diese könnten zum Beispiel lauten: ängstlich, begeistert, dankbar, energiegeladen, entlastet, entspannt, genervt, glücklich, müde, neugierig, sicher, teilnahmslos, traurig, unzufrieden, wach, wütend, zornig, zufrieden …

Nun sind alle sprachlichen Barrieren minimiert und es kann losgehen mit der emotionalen Bewusstseinserweiterung.

Fragen zur Erhöhung des emotionalen Bewusstseins:

- ✓ Was fühle ich?
- ✓ Wo fühle ich es?
- ✓ Wie fühlt es sich an?
- ✓ Welchen Auslöser hat es für diese Gefühle gegeben?
- ✓ Beschreiben Sie das körperliche Gefühl mit nur einem Wort.

Die Antworten könnten dann zum Beispiel wie folgt ausschauen:

- Antwort zur ersten Frage: Angst
- Antwort zur zweiten Frage: in der Brust
- Antwort zur dritten Frage: eng in der Brust
- Antwort zur vierten Frage: Projektentscheidung
- Antwort zur fünften Frage: ängstlich

Wenn Sie sich und den Mitgliedern in Ihrem Team diese Fragen regelmäßig stellen, schärft sich das emotionale Bewusstsein von selbst. Damit sind Sie gewappnet für die nächsten Schritte des Projekt-Voodoo.

Entscheidungen: tägliches Glaskugellesen

Wenn wir eine Entscheidung treffen wollen, passieren in unserem Körper viele Abläufe parallel. Als Erstes fragen sich der Instinkt und unser Stammhirn, ob es irgendwelche alten Verhaltensmuster gibt, die uns in diesem Moment die Entscheidung abnehmen können. Dann treten die rechte und die linke Gehirnhälfte in Konkurrenz und versuchen, die Entscheidung entweder logisch oder kreativ zu fällen. Jeder Mensch hat dabei eine Präferenz für die Wahl der bevorzugten Seite.

Währenddessen prasseln unsere Gefühle auf uns ein. Es kann sein, dass unsere Intuition dem Verstand die Entscheidung abnimmt und wir aus dem Bauch heraus entscheiden. Bevor wir endgültig eine Entscheidung getroffen haben, sorgt unser geistiger Ballast dafür, dass wir uns mächtig den Kopf zermürben. Dies geschieht vor allem dann, wenn wir es nicht gelernt haben, den Ballast unter Kontrolle zu haben.

Zusammenfassend kann man grob sagen, dass es vieler Faktoren bedarf, bevor wir entscheiden können. Deshalb ist es auch so einleuchtend, warum gerade Projektleiter so gerne zu Projektchecklisten greifen. Aber Vorsicht, die vermeintliche Entscheidungssicherheit ist eine Falle, denn Checklisten berücksichtigen nicht den Menschen. Und der beeinflusst bekanntlich den Projekterfolg.

3.2 Projekt-Voodoo-Prinzip: unbeirrbar nach vorn

Das Projekt-Voodoo-Prinzip besteht aus sechs Schritten und ist der Erfolgsschlüssel zu einem kooperativen und wirtschaftlicheren Projektmanagement. Es lohnt sich, entsprechende Kompetenzen in den Handlungsfeldern aufzubauen. Denn anhand dieser können Sie Ihr Projektmanagement zur vollen Reife bringen. Aber auch hier möchte ich Sie bitten, Ihren eigenen Kopf beziehungsweise Bauch einzuschalten. Verfolgen Sie nicht verbissen die Schritte der Projekt-Voodoo-Strategie. Überlegen Sie selber, wie viel und was es pro Schritt für Ihre aktuelle Situation und Ihre Projektmitarbeiter gerade braucht. Achten Sie darauf, was Ihr Bauchgefühl gerade fordert.

Das Projekt-Voodoo-Prinzip besteht aus sechs Schritten.

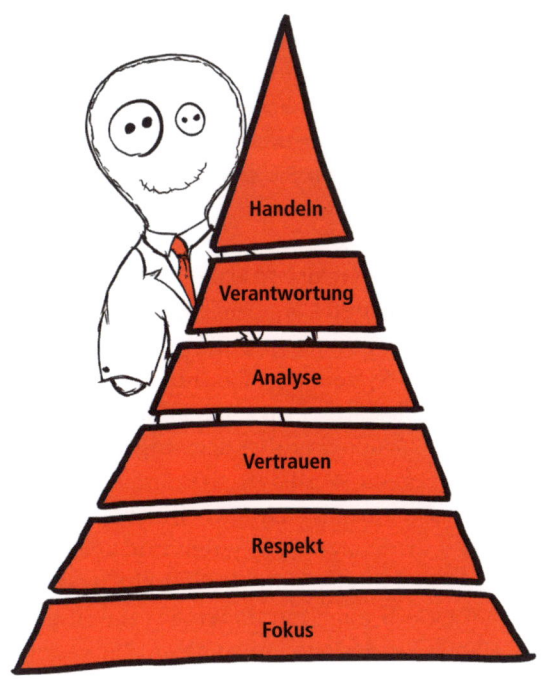

Im Folgenden werden die sechs Schritte im Detail erklärt. Die ersten drei Schritte beschäftigen sich mit der inneren Haltung, die Ihnen Ihr Arbeitsleben drastisch erleichtern kann. Die Schritte vier bis sechs sind Umsetzungsschritte, die ganz konkret Ihre Handlung verbessern sollen.

1. Schritt: Fokus

Leben Sie im Hier und Jetzt.

Seien Sie für Ihre Kollegen und Ihre Projektsituation stets präsent. Ich kenne viele Projektleiter, die nach dem Motto »Ach, hätte ich nur damals, beispielsweise zu Projektbeginn, anders entschieden« permanent in der Vergangenheit leben und aus dem Jammertal gar nicht mehr herauskommen. Und es gibt diejenigen, die sich in Krisensituationen die meiste Zeit darüber den Kopf zerbrechen, wie sie am besten ihre Zukunft absichern und wie sie welchen Vertragspartner knebeln und bluten lassen können. Beides ist fatal. Denn dieses Verhalten kostet schlichtweg die eigenen Kapazitäten und man ist dadurch nicht genügend aufnahmefähig für aktuelle Ereignisse. Fokussieren Sie sich auf das Hier und Jetzt. Seien Sie geistig und körperlich präsent.

Nehmen Sie aufmerksam alle Ereignisse wahr.

Damit sind sowohl die eigenen körperlichen als auch die systemischen Ereignisse gemeint. Schärfen Sie Ihre Sinne und fahren Sie alle Antennen für Mensch und System aus, die Ihnen zur Verfügung stehen. Dabei können Sie sich das Projekt wie ein an der Decke aufgehängtes Mobile vorstellen, also wie ein großes schwingendes System mit vielen Satelliten. Gibt es einen Windstoß, so kommt das gesamte System in Bewegung. Genauso verhält sich auch Ihr Projekt, wenn die Projektdynamik steigt. Es ist ein großes System und alle Teilprojekte sind kleine, voneinander abhängige Satelliten. Zieht man an dem einen Satelliten, so bewegt sich auch ein anderer beziehungsweise das gesamte System. Haben Sie deshalb ein Auge auf Ihr gesamtes menschliches wie auch materielles Projektsystem.

Achten Sie auf Ihre eigenen Bedürfnisse und die der anderen.
Akzeptieren Sie diese Bedürfnisse und gehen Sie mit den menschlichen Kräften behutsam um. Jeder Mensch braucht Zeiten, in denen er zu neuen Kräften kommen muss. Wieder zu Kräften zu kommen, das muss sein, egal, wie hart die Krise Sie gerade erwischt hat. Das gilt vor allem dann, wenn man mit dem Projekt an der Wand steht. Bedenken Sie, dass es keine effektivere Projektexitusmethode gibt, als die Mitarbeiter durch Überstunden und Wochenendarbeiten ausbluten zu lassen.

2. Schritt: Respekt

Leben Sie einen respektvollen Umgang mit sich selbst und anderen.
Glauben Sie an das Gute in den Menschen und akzeptieren Sie deren Wege und Entscheidungen. Behandeln Sie alle Menschen gleich, auch Ihren Chef. Hüten Sie sich davor, hierarchiehörig zu werden. Sie sind genauso viel wert wie höher oder niedriger positionierte Personen in Ihrem Unternehmen. Respektieren Sie sich selbst und bleiben Sie sich treu.

Üben Sie keine manipulativen Techniken auf Ihre Kollegen aus.
Lassen Sie vor allem jeden sein Leben leben, so wie er es möchte, denn es gibt auch noch ein Leben neben dem Projekt. Die Projektlebensgemeinschaft ist immer zeitlich begrenzt.

3. Schritt: Vertrauen

Vertrauen Sie sich selbst und schenken Sie anderen Ihr Vertrauen.
So können diese auch Ihnen vertrauen. Erschaffen Sie eine vertrauensvolle Arbeitsatmosphäre, in der jeder gerne arbeiten möchte. Verhelfen Sie Ihren Projektmitarbeitern zu mehr Wissen und Befugnissen.

Machen Sie Ihre Projektmitarbeiter zu Mit-Unternehmern.
So steigern Sie das Wir-Gefühl und die Mitarbeitermotivation. Durch das Empowerment verteilen Sie die Projektverantwortung auf mehrere Schultern und erhöhen das wirtschaftliche Denken Ihrer Projektmitarbeiter.

Vertrauen Sie bei all Ihrem Handeln auf Ihre eigene Intuition.
Ihr Bauchgefühl weiß ganz genau, was gut für Sie ist.

4. Schritt: Analyse

Nutzen Sie alle Sinne zum Analysieren Ihrer Projektsituation.
Binden Sie Ihr Bauchgefühl in alle Überlegungen mit ein. Erspüren Sie Ihre und die Gefühle und Bedürfnisse der anderen, zum Beispiel mit der Projekt-Voodoo-Puppe. Fragen Sie stets danach, WARUM jemand so handelt, wie er handelt.

Lassen Sie bei Ihrer Analyse immer alle Überlegungen zum Projektsystem einfließen.
Betrachten Sie das Problem jeweils mit einer systemischen, einer sachlichen und einer menschlichen Brille.

Gehen Sie bei der Problemsuche stets vom Problem zur Lösung.
Steigen Sie also nicht gleich in die Lösungsfindung ein, sondern zerlegen Sie das Problem in viele Einzelprobleme und finden dafür Lösungen.

Nutzen Sie kreative Lösungswege.
Dadurch können Sie das volle Potenzial Ihres Teams ausschöpfen und reduzieren die Analysezeit auf ein Minimum. Denken Sie nicht an die nächstbeste Lösung, sondern denken Sie quer. Suchen Sie stets nach Alternativen, um am Ende die beste Lösung für das Unternehmen auswählen zu können. Vertiefend werden die genannten Methoden in Kapitel 4.2 vorgestellt.

5. Schritt: Verantwortung übernehmen

Übernehmen Sie die Verantwortung für Ihr Handeln.
Zögern Sie nicht unnötig eine Entscheidung hinaus, sondern handeln Sie. Unterstützen Sie Ihre Projektmitarbeiter, indem Sie ihnen Verantwortung übertragen. Stärken Sie deren Verantwortungsbewusstsein und halten Sie Ihren Projektmitarbeitern den Rücken frei.

6. Schritt: Handeln

Handeln Sie! Fällen Sie eine Entscheidung und denken Sie dabei unternehmerisch.
Neben dem Menschen ist das Unternehmen das wichtigste Entscheidungskriterium. Jede Entscheidung muss auch im Sinne des Unternehmens sein, denn wenn sie nicht wirtschaftlich ist, wird es dem Unternehmen schaden. Damit schaden Sie sich und Ihren Kollegen früher oder später selbst. Also verschleppen Sie nicht unnötig Entscheidungen, denn die hundertprozentige Gewissheit, dass Ihre Entscheidung die richtige ist, wird es nie geben.

Schlagen Sie den Weg ein, den das Ziel wirklich braucht!
Damit starte ich keinen Aufruf zum Prozessboykott, sondern ich fordere Sie auf, Ihren Kopf zu benutzen. Nicht jeder Prozess ist sinnvoll. Hinterfragen Sie die Regeln und Prozesse Ihres Unternehmens auf Sinnhaftigkeit. Benutzen Sie die Prozess-Tailoring-Methode, wie sie in Kapitel 2.1 beschrieben wurde. Sie reduzieren dadurch drastisch kostbare Projektzeit.

3.3 Projekt-Voodoo-Entscheidungen: heute und nicht morgen

Im Projektgeschäft stehen tagtäglich Entscheidungen an. Oft können wir uns genügend Gedanken machen. Aber in Krisensituationen muss es besonders schnell gehen. Denn dann ist gerade die Frage nach den richtigen Prioritäten kriegsentscheidend.

Die Projekt-Voodoo-Entscheidungsmethode können Sie bei allen Entscheidungen zurate ziehen, da sie besonders schnell und treffsicher ist. Sie vereint das gesamte Projekt-Voodoo-Wissen in einem zündenden Ablauf.

Und weil es einfach viel mehr Spaß macht, schauen wir uns doch gleich einmal den schlimmsten Fall an. Nehmen Sie an, dass Sie eine Projektkrise gerade kalt erwischt hat. Es ist Freitagnachmittag und Sie sind gedanklich bereits im Wochenende. Spannend, kribbelt es bereits? Haben Sie sich schon einmal überlegt, warum Krisen immer gegen Ende der Arbeitswoche aufkommen und nicht am Montagvormittag, wenn alle frisch entspannt aus dem Wochenende wieder bei der Arbeit sind? Ehrlich, ich habe auch keine Antwort. Nehmen wir weiter an, dass die entdeckte Projektkatastrophe rasant alle Teilprojekte in Beschlag nimmt.

Denn es ist etwas Schlimmes passiert. Fast alle Schnittstellen einer neu entwickelten und von Ihnen gerade vor einer Woche in Betrieb genommenen Software legen die gesamten Unternehmens-IT-Systeme lahm. Nichts geht mehr. Durch diverse automatisch generierte Fehlermeldungen aus dem IT-Control-Center erfahren Sie, dass der Fehler immer mehr Schaden anrichtet. Die Situation hat sich noch nicht herumgesprochen und deshalb rufen Ihnen auch immer wieder heimgehende Projektkollegen ein schönes und baldiges Wochenende in Ihren Raum.

Was für ein Super-GAU. Erstarrt schauen Sie auf Ihren Monitor und beobachten die Risikoampeln, wie sie hektisch rot leuchten. Dann klingelt das Telefon. Ihr IT-Vorstand holt Sie abrupt in die Realität zurück. Er brüllt förmlich in den Hörer und will eine sofortige Status- meldung und eine abgestimmte Lösung bis zum Abend. Was soll man sagen? Der Zorn der Götter grollt gerade auf Sie herab. Ein Krisen- orakel, welches die Lösung vorhersagt, wäre jetzt sehr hilfreich, ist aber wie immer gerade nicht greifbar.

Der ganz normale Projektwahnsinn hat gerade zugeschlagen und lei- der ist dies für die meisten Projektleiter eine gar zu bekannte Situa- tion. Aber nicht für Sie, denn zukünftig handeln Sie nach dem Pro- jekt-Voodoo-Entscheidungsprozess.

Denn in einer Krisensituation denken vorerst alle anderen für Sie. Und es wimmelt plötzlich vor Nebenkriegsschauplätzen. Vier typisch menschliche Mechanismen schlagen nun zu: Zeitnot, Konfliktangst, totale Verwirrung und Emotionen.

Zeitnot

»Wie lange dauert das denn noch und wann können wir wieder in den Normalbetrieb übergehen«, sind dann typische Fragen, die man zu Beginn der Krisen nicht ständig wiederholen sollte, aber immer hört. Es ist ja auch verständlich, dass sich durch die allgegenwärtige Unwissenheit Angst ausbreitet. Angst ist aber nie ein guter Berater.

Konfliktangst

Aggressionen stauen sich auf. Die Gelegenheit ist gerade günstig, will man doch schon lange seinen Kollegen eins auf die Mütze geben. Dies lässt natürlich die Kuschelpolitik des Unternehmens nicht zu. Also frisst man die Aggression in sich rein, bis sie sich plötzlich un- kontrolliert einen Weg bahnt. Da haben Sie nun den Schlamassel. Jetzt können Sie sich neben der Krise auch noch um die Streithähne kümmern.

Totale Verwirrung

»Hilfe, was müssen wir tun? Hilfe, was passiert nun mit uns? Keiner weiß Bescheid.« Die totale Verwirrung macht sich breit und kostet Zeit und Nerven.

Emotionen

Emotionen sollte man nie ignorieren, gerade wenn man weiß, wie man sie richtig lenken kann. Wirre Emotionen aber vernebeln den Blick. Typische Fragestellungen sind zum Beispiel: »Betrifft die Krise auch mich? Was ist mit meiner Zielerreichung? Welchen Imageschaden haben wir? Kann man schon von monetären Schäden ausgehen?« Diese Fragen betreffen in der Regel erst einmal den Fragenden selbst, sie werden meist aber in die Runde gestellt, wo sie dann nur geistige Kapazitäten binden, ohne dabei zielführend zu sein.

Projekt-Voodoo-Entscheidungsprozess: mit Fokus zum Ziel

Der Projekt-Voodoo-Entscheidungsprozess verhilft Ihnen zu mehr Klarheit und einer schnellen Lösung. Vor allem geht er mit den vier oben genannten Begleiterscheinungen adäquat um. Man könnte Ihn auch mit der folgenden These auf den Punkt bringen:

 **Schlagen Sie den Weg ein, den das Ziel jetzt braucht.**

Sechs Faktoren müssen Sie dabei berücksichtigen:

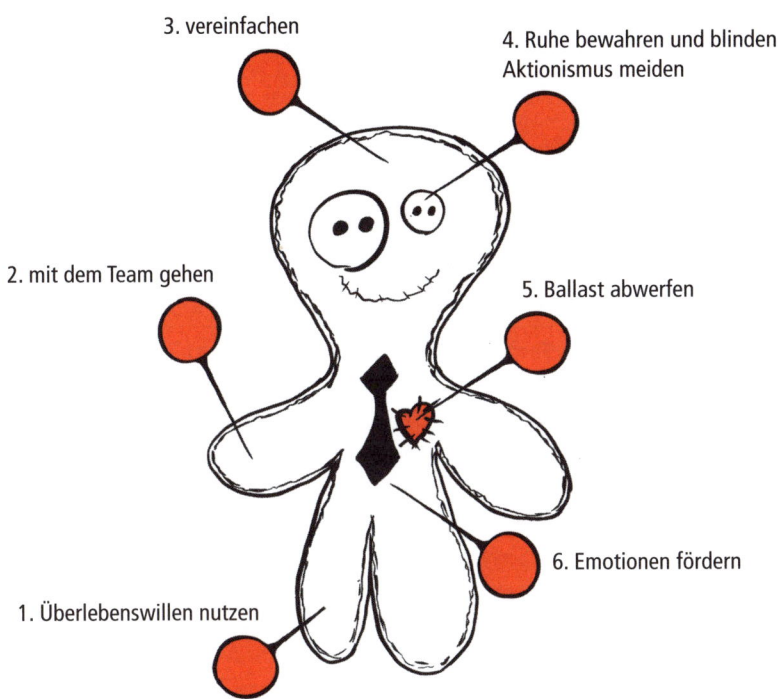

3. vereinfachen

4. Ruhe bewahren und blinden Aktionismus meiden

2. mit dem Team gehen

5. Ballast abwerfen

6. Emotionen fördern

1. Überlebenswillen nutzen

1. Selbsterhaltungstrieb

Trifft uns die Krise kalt, dann werden meistens immense Kräfte frei, denn wir wollen auf keinen Fall untergehen. Nutzen Sie diese! Der Überlebenswille macht aus unscheinbaren Mitarbeitern plötzlich starke Wikinger. Integrieren und beteiligen Sie die Mitarbeiter in der Krisenbewältigung.

2. Ihr Team

Einer der größten Fehler des Managements ist es, stets alles im Alleingang lösen zu wollen. Das ist ja auch viel bequemer. Schließlich muss man niemanden fragen, ob der eingeschlagene Weg wirklich sinnvoll ist. Wenn es schiefgeht, dann wälzt man die ganze Sache einfach wieder auf das Team ab. So einfach ist das. Der zweitgrößte Managementfehler ist es, in Krisensituationen nicht präsent zu sein. Da müssen sich Projektleiter plötzlich konzentrieren und ziehen sich allein in ihr Büro zurück. Das war's, denn der Projektleiter wird für den Rest des Tages nicht mehr gesehen.

Jetzt muss ich mal Tacheles reden: Eine Krise kann man nicht allein lösen und schon gar nicht in seinem stillen Kämmerchen. Das ist ein Ammenmärchen. Deshalb schreien Sie laut »HILFE!« in Richtung Ihres Teams. Ja, das ist mein Ernst. Tun Sie das, so laut Sie können. Damit zeigen Sie keine Schwäche und Sie bekommen auch keinen Imageschaden. Im Gegenteil, Ihr Ansehen wird steigen. Ich garantiere Ihnen, dass, wenn Sie laut »HILFE!« schreien, Ihr Team Ihnen zur Seite steht und mit Ihnen durch dick und dünn geht. Jetzt können Sie loslegen, denn Sie sind nicht mehr allein in der Krise, sondern haben viele Helferlein mit guten Ideen.

3. Vereinfachung

Verschaffen Sie sich Klarheit und vereinfachen Sie das Problem, indem Sie es auf die Schmunzelebene bringen. Das soll heißen, dass Sie das Problem in so kleine Stückchen zerlegen, dass Sie über den kleinsten Baustein nur noch schmunzeln können und dort kein Problem mehr sehen. Am besten lassen Sie diese Problemzerlegung Ihr Team erledigen, schauen selber nur zu und funken vor allem nicht so viel dazwischen. Kein Nachfragen, keine Zweifel einstreuen, einfach machen lassen: Dann geht es am schnellsten. Nutzen Sie beispielsweise hierzu das Fischgrätenmodell aus Kapitel 4.2.

4. Ruhe bewahren

Vermeiden Sie blinden, naiven Aktionismus. Egal, wie sehr Ihr Vorstand Sie drängt, lassen Sie sich nicht zu einem Schnellschuss verleiten. Bewahren Sie Ruhe und gehen Sie die weiteren Schritte zielstrebig durch.

5. Ballast abwerfen

Jetzt ist keine Zeit für unnötiges Reporting oder das besonders rote Ausmalen des Ampelstatus. Egal, was die anderen sagen, Sie haben nun die absolute Legitimation, sich zu hundert Prozent um das Problem zu kümmern. Also tun Sie es auch zu hundert Prozent. Sie haben aber auch noch eine andere, viel weitreichendere Legitimation bekommen, und zwar dahingehend, dass Sie besonders schnell zur Lösung kommen sollen. Deshalb haben Sie nun wirklich keine Zeit mehr, sich um Regeln, Prozesse und Unternehmenstraditionen zu kümmern. Oder zum x-ten Mal zu erklären, was gerade passiert ist. Stimmt's?

6. Krisenschlüssel Emotionalität

Und nun zur Krisenlösung. Der Krisenschlüssel ist die Emotion. Emotionen führen zum Handeln, noch lange bevor der Kopf das Problem richtig begriffen hat. Hier sollten Sie sich überlegen, wie Sie alle Beteiligten, also Ihr Team, emotional erreichen können. Wie können Sie Ihre Mitarbeiter wachrütteln und das Problem in ein anderes Licht rücken? Sie brauchen nun eine kreative Krisenintervention, die schnell zur Entscheidung führt.

Projekt-Voodoo-Krisenintervention: Vorwärtsdenker wetzen die Nadeln

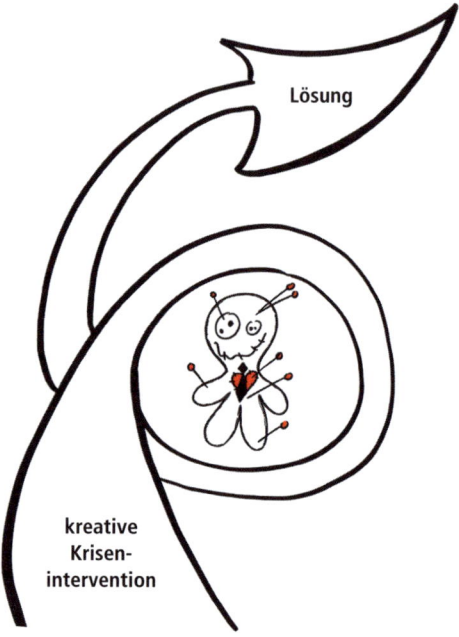

Eine gute, kreative Krisenintervention muss folgende Faktoren perfekt bedienen. Sie muss:

- ✓ geheimnisvoll sein,
- ✓ einfach in der Umsetzung sein, da das Reptiliengehirn uns sowieso schon viel Energie kostet,
- ✓ das Bauchgefühl und den Verstand vereinen,
- ✓ ein wenig kriminelle Energie freisetzen,
- ✓ dafür sorgen, dass Dampf abgelassen werden kann,
- ✓ vor allem Spaß machen.

PROJEKT-VOODOO-KRISENINTERVENTION BEI NEUTRALER STIMMUNG

Laden Sie Ihr Team zum spontanen Workshop ein. Eine Vorbereitung braucht heute keiner, nicht mal Sie als Projektleiter. Sie müssen nur auf Ihr Team achten. Wie ist die Stimmung? Ist das Team eher neutral gestimmt oder kippt die Stimmung bereits in verbale Aggressionsentladungen?

Bei einer neutralen Stimmung können Sie einfach den nachfolgend dargestellten Workshop-Weg gehen. Bei einer negativen Stimmung empfehle ich Ihnen die Variante dieses Workshops, die der negativen Stimmung ein Ventil gibt. Diese finden Sie im nächsten Kapitel.

Verteilen Sie an alle Teilnehmer Stifte und Moderationskarten und stellen die folgende Frage: »*Welche realen und überzogenen Maßnahmen menschlicher und sachlicher Natur müssen wir zur Lösung dieses Problems jetzt ergreifen?*«

Geben Sie dem Team zehn Minuten für die Lösungsfindung. Während der Lösungsfindung soll es keinen Austausch zwischen den Teilnehmern geben. Jeder für sich findet so viele Lösungen, wie ihm einfallen. Es besteht kein Wettbewerb zwischen den Teilnehmern.

Währenddessen malen Sie eine Projekt-Voodoo-Puppe auf eine Metaplanwand. Malen Sie diese ähnlich der, die Sie nachfolgend sehen. Anschließend geben Sie folgende Anweisung: »*Überlegen Sie kurz, an welchen Stellen sich Ihre entwickelten Lösungen am Körper am besten anfühlen, und pinnen Sie anschließend Ihre Lösungen genau an diese Stellen der Projekt-Voodoo-Puppe.*«

Manchmal braucht es hier eine initiale Hilfestellung. Dann können Sie Beispiele bringen, was Sie mit Anfühlen meinen:

Die Lösung sorgt für mehr Durchblick. ► Augen

Die Lösung sorgt für mehr Klarheit im Denken. ► Kopf

Die Lösung erzeugt einfach ein gutes Gefühl. ▶ Bauch

Mit der Lösung kann ich wieder mal so richtig gut durchatmen. ▶ Brust, Herz oder Hals

Die Lösung nimmt den Druck aus dem Problem. ▶ Herz oder Brust

Die Lösung erzeugt ein Kribbeln in den Fingern, man möchte gleich anfangen. ▶ Finger beziehungsweise Hände

Mit der Lösung können wir dem Problem Beine machen. ▶ Beine und Füße

…

Aber bitte, der Fantasie sollten keine Grenzen gesetzt werden. In der Regel entsteht erst einmal etwas Verwirrung und Belustigung. Aber sobald der Erste anfängt, seine Lösungen zu pinnen, dann ergibt sich der Rest von selbst. In weiteren maximal zehn Minuten werden alle Lösungen kreuz und quer auf der Voodoo-Puppe verteilt, zum Beispiel so:

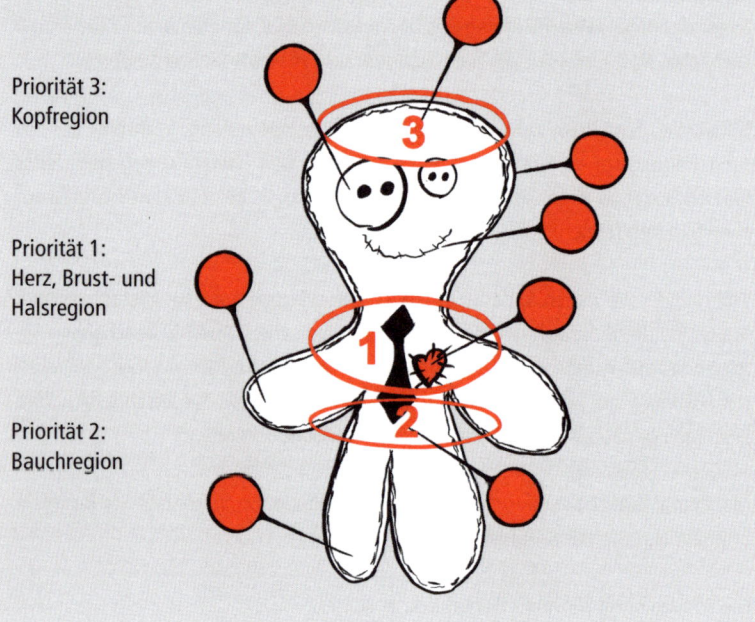

Priorität 3:
Kopfregion

Priorität 1:
Herz, Brust- und
Halsregion

Priorität 2:
Bauchregion

Jetzt sind Sie als Projektleiter an der Reihe. Die Voodoo-Puppe hat drei Zentren, die Ihnen in Krisensituationen die Entscheidung erleichtern, weil hier eindeutige Prioritäten gesetzt werden:

Priorität 1:
Alles, was im Herz, in der Brust oder im Hals steckt, hat die Priorität 1. Denn wenn das Projektherz nicht mehr schlägt, hat die letzte Stunde geschlagen.

Priorität 2:
Alles, was in der Bauchgegend landet, hat die Priorität 2. Denn das Bauchgefühl sorgt dafür, dass wir handeln.

Priorität 3:
Alles, was in unserer Kommandozentrale, also in unserem Kopf landet, hat die Priorität 3. Es hindert uns am klaren Denken und stört unseren Verstand.

Sollte in den drei wichtigsten Zentren jeweils mehr als eine Karte pinnen, dann ermitteln Sie im Team die Priorität innerhalb eines Zentrums. Entweder kleben Sie Punkte oder Sie gehen logisch an die Prioritätenliste heran.

Alles, was sich außerhalb dieser drei Gebiete befindet, sollten Sie in Anbetracht der aktuellen Krise erst einmal ignorieren.

Das Schöne aber ist, dass Ihnen das Bauchgefühl Ihrer Kollegen die Lösung gebracht hat. Und zwar ohne langes Nachdenken und Zerreden.

Sie können jetzt einfach die Prioritäten abarbeiten und darauf vertrauen, dass es das Richtige sein wird. Ich garantiere eine Trefferchance, die weit höher liegt, als wenn Sie nach herkömmlichen Methoden das Problem analysiert, auf logischem Weg Lösungen ermittelt und in der Gruppe gemeinsam abgestimmt hätten. Sie haben vor allem eine sehr hohe Lösungsakzeptanz, da alle Beteiligten im Prozess und in der Abstimmung miteingebunden waren. Jeder weiß jetzt, was zu tun ist. Diese Transparenz sorgt für ein zusätzliches Commitment im Team.

PROJEKT-VOODOO-KRISENINTERVENTION BEI NEGATIVER STIMMUNG

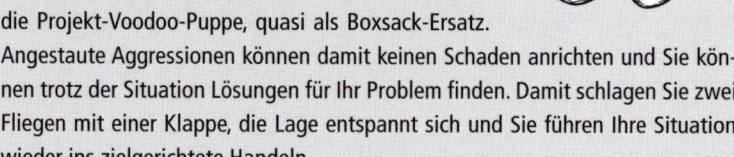

Hier können Sie bei dem zuvor dargestellten Ablauf bleiben. Sie müssen lediglich auf die angespannte Situation adäquat reagieren. Wenn Sie einfach heile Welt spielen, würden Sie die Situation nur bis zur Stimmungsexplosion treiben. Geben Sie Ihren Kollegen, was sie nun brauchen. Nehmen Sie als »Feindbild« die Projekt-Voodoo-Puppe, quasi als Boxsack-Ersatz. Angestaute Aggressionen können damit keinen Schaden anrichten und Sie können trotz der Situation Lösungen für Ihr Problem finden. Damit schlagen Sie zwei Fliegen mit einer Klappe, die Lage entspannt sich und Sie führen Ihre Situation wieder ins zielgerichtete Handeln.

Nachdem Sie Ihr Team zusammengetrommelt haben, verteilen Sie wieder Schreibutensilien und stellen die gleiche Frage wie im positiv gestimmten Workshop.

»Welche realen und überzogenen Maßnahmen menschlicher und sachlicher Natur müssen wir zur Lösung dieses Problems jetzt ergreifen?«

Auch hierfür veranschlagen Sie zur Lösungsfindung etwa zehn Minuten. Hier ist es besonders wichtig, dass es keinen Austausch zwischen den Kollegen gibt. Währenddessen malen Sie wieder eine Projekt-Voodoo-Puppe auf eine Metaplanwand.

Der Unterschied besteht jetzt in der folgenden Fragestellung. Diesmal wollen wir nicht heilen, sondern der negativen Energie einen Weg verschaffen. Fragen Sie nun:

»Was würden Sie dieser Lösung am liebsten Böses wünschen?«
»Pinnen Sie anschließend Ihre Lösungen genau an diese Stellen der Voodoo-Puppe.«

Auch an dieser Stelle braucht es ab und zu eine initiale Hilfestellung. Dann können Sie Beispiele bringen, in denen Sie ausdrücken, was Sie so manch einer Lösung am liebsten wünschen würden:

Der Lösung würde ich gerne einmal auf die Finger klopfen. ▶ Finger, Hand

Der Lösung sollte man einmal gehörig den Hintern versohlen. ▶ Po

Der Lösung würde ich gerne auf die Füße treten, damit sie wieder in Gang kommt. ▶ Füße

Der Lösung würde ich gerne den Hals umdrehen. ▶ Hals oder Herz, je nach Gefühl

Der Lösung würde ich gerne eine Ohrfeige geben. ▶ Ohr

Der Lösung würde ich gerne das Maul stopfen. ▶ Mund

Der Lösung würde ich gerne den Zahn ziehen. ▶ Zahn, Mund

Sie sehen schon, die Sprache wird etwas rauer. Geben Sie auch hier genügend Freiraum für die Fantasie. Aber wundern Sie sich nicht, es können auch Nadeln beziehungsweise Zettel in den Genitalien stecken. Autsch! Nur die Ruhe. Hier müssen Sie nur, nachdem alle gepinnt haben, mit einem Schmunzeln darstellen, dass dieser Workshop jugendfrei sein soll. Fragen Sie anschließend, was derjenige, der die Karte gepinnt hat, dieser Karte sonst noch gerne wünscht. Sehr häufig landen diese dann in der Herz- oder Bauchregion.

Dieser Teil des Workshops wird etwas dynamischer laufen und die Emotionen werden hochkochen. Das macht aber nichts, weil durch das aktive Reinpiksen mit den Nadeln in die Körperstellen der Puppe die Aggressionen auch schon wieder einen Weg zum harmlosen Verpuffen haben. Ähnlich wie beim Boxen auf einen Sandsack, ist man hinterher schön ausgeglichen und entspannt.

Nachdem alle Karten in der Puppe heften, haben Sie das gleiche Ergebnis wie bei der zuvor dargestellten Intervention. Wieder stecken im Herzbereich die Lösungen mit der Priorität 1, in der Bauchgegend die mit der Priorität 2 und im Kopf die Lösungen mit der Priorität 3.

Das Verblüffende dabei ist, dass die Stimmung danach durchweg positiv ist, obwohl der Ablauf dynamisch und laut wird. Schließlich bietet die Situation auch etwas zum Schmunzeln. Und da wollen wir hin.

Egal, ob Sie nun den positiven oder den negativen Weg der Intervention gehen, mit beiden kommen Sie zum Ziel und haben anschließend Ihre Prioritätenliste und können wieder handeln. Geschafft. Dabei können Sie diese Intervention für das gleiche Team auch öfter verwenden. Theoretisch könnte man dann die Prioritäten manipulieren, indem man seine Lösung beispielsweise absichtlich in das Herz pinnt. Aber die Praxis zeigt, dass niemand von dieser potenziellen Macht Gebrauch macht.

Sie fragen sich sicherlich schon die ganze Zeit, warum das funktionieren kann und was Ihnen die ausgewählten Puppenbereiche sagen sollen? Die Antworten darauf lesen Sie gleich im nächsten Kapitel.

3.4 Projekt-Voodoo-Puppe: Krisenkompass der Intuition

Die Projekt-Voodoo-Puppe ist ein anschauliches und aufrüttelndes Instrument. Sie hilft in verfahrenen Situationen den Projektleitern und ihren Teams, Probleme und deren Ursachen aus unterschiedlichen Perspektiven zu betrachten: Wo schmerzt es am meisten? Der spielerische Ansatz macht Hindernisse und Emotionen transparent und ermöglicht, die richtigen Prioritäten zu setzen – um Projekte schnell wieder auf Erfolgskurs zu bringen.

Dabei haben Sie zwei unterschiedliche Möglichkeiten, die Projekt-Voodoo-Puppe zu benutzen.

Eine Möglichkeit ist die Krisenintervention zur Entscheidungsfindung, wie sie weiter oben im Kapitel beschrieben ist. Dabei können Sie je nach Stimmungslage die positive Fragestellung nutzen: Wo fühlt sich die angedachte Lösung am Körper am besten an? Oder Sie entscheiden sich für die negative Variante. Hier fragen Sie einfach die Teilnehmer, was sie der gefundenen Lösung am liebsten wünschen. Lassen Sie alle Beteiligten fluchen, bis sich die Balken biegen. Das sorgt dafür, dass endlich Dampf abgelassen wird, und verhilft Ihnen bei der anschließenden Lösungsbesprechung zu einer entspannten Atmosphäre.

Die zweite Möglichkeit ist die Projekt-Voodoo-Puppe als Wegweiser für Ihre Handlungsoptionen. Sie ist sozusagen die verlängerte Sinnesantenne für die Projektprobleme. Schauen Sie einfach, an welcher Körperstelle es zwickt und zwackt, und schlagen Sie dann in dem entsprechenden Kapitel nach den Handlungsempfehlungen nach.

Jetzt stellt sich natürlich die Frage, warum die Projekt-Voodoo-Puppe überhaupt funktioniert. Die Antwort ist genauso simpel wie die Handhabung der Puppe selbst:

 **Ihr Körper denkt. Sie handeln!**

Genauer gesagt, Ihr Körper denkt für Sie, ohne dabei den Verstand zu benutzen. Ihre Intuition zeigt Ihnen quasi, wo das Problem ist.

Wenn also Ihr Unterbewusstsein ein Problem erkannt hat, erzeugt Ihr Körper an der entsprechenden Stelle ein schlechtes Gefühl. Nehmen Sie das schlechte Gefühl und die Körperregion, in der das Gefühl entstanden ist, wahr, dann zeigt dies wie ein Kompass die Problemrichtung an.

Darüber hinaus nimmt sich die Projekt-Voodoo-Puppe des ursprünglichen Problems an, ohne dieses zu lösen. Dabei geht sie nicht unnötig in die Tiefe des Problems. Sie visualisiert es und macht es greifbarer. Es besteht kein Druck, das Problem zu lösen. Jeder kann sich mit dem Detailthema beschäftigen, das ihm am nächsten kommt. Die Intervention ist dabei schnell und wird nicht unnötig in die Länge gezogen. Durch die Voodoo-Puppe schafft man einen neuen frischen Blick für die Priorität und kommt dadurch wieder ins Handeln. Ganz konkret gibt man die Leichenstarre auf, die Angst und Druck erzeugt.

Die Projekt-Voodoo-Puppe begegnet menschlichen Konflikten adäquat. Dabei macht es Spaß, die Nadeln in die Puppe zu piksen. Positive Energie wird wieder frei, negative verliert ihre Brisanz. Die Puppe sorgt für ein Augenzwinkern, einen Aha-Effekt. Denn so schlimm, wie man es anfänglich angenommen hat, ist es wahrscheinlich doch nicht.

Zumindest erhält man nach Durchführung der Intervention in kürzester Zeit Klarheit und sieht, welche nächsten Schritte eingeleitet werden müssen.

Zu guter Letzt ist die Voodoo-Puppen-Intervention einfach und leicht in der Umsetzung. Jeder wird verstehen, was er zu tun hat, egal, wie stark das Reptiliengehirn ihn in Beschlag genommen hat.

Die Projekt-Voodoo-Puppe hat insgesamt elf neuralgische Punkte. Diese stellen die wichtigsten Bereiche des menschlichen Körpers dar. Dabei muss man sich den menschlichen Körper wie eine Bühne für Emotionen vorstellen. An manchen Stellen spüren wir Schmerzen, an anderen fühlt es sich einfach nur wunderschön an, wenn unsere Emotionen Gefühle erzeugen. Dabei geben uns die Gefühle immer einen Hinweis darauf, wo wir genauer hinschauen sollten. Egal, welches Gefühl gerade unsere Emotionen auslöst.

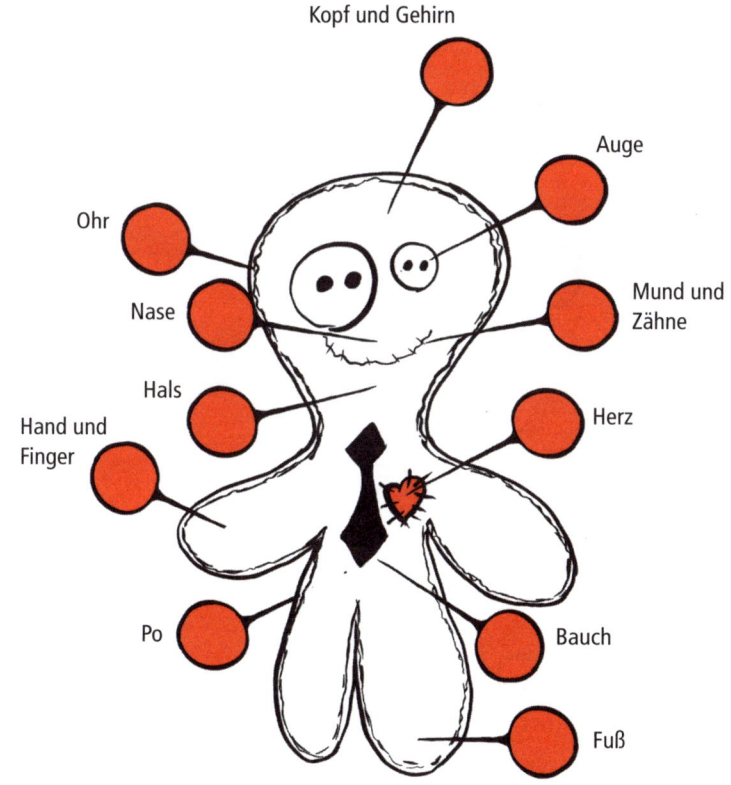

Wenn man sich die neuralgischen Punkte genauer anschaut, stellt man fest, dass sie sich in gewissen Regionen befinden.

Es gibt insgesamt sechs Regionen:

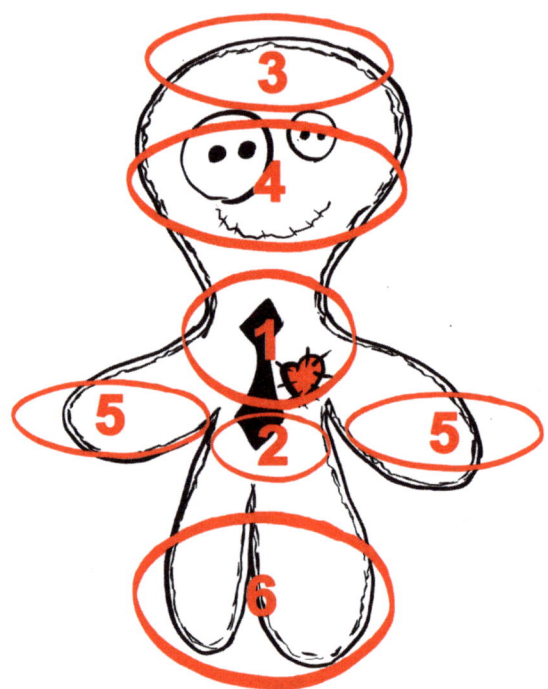

Region 1: Herz, Brust und Hals

Diese Region hat im Wesentlichen mit dem Projektexitus zu tun. Es zeigt uns an, wenn es dem Projekt und den Projektmitarbeitern an den Kragen geht. Wir bekommen Herzschmerzen, wenn uns etwas existenziell bedrückt, und Konflikte schnüren uns den Hals zu. Jetzt ist Eile geboten, damit das Projektherz wieder gleichmäßig schlagen kann.

Region 2: Bauch, Magen, Galle, Leber und Gedärme
Die Bauchregion steht für unsere Gefühlswelt und die Intuition, also das sogenannte Bauchgefühl. Sie sorgt dafür, dass wir schnell Entscheidungen fällen können, und sie schmerzt, wenn wir Dinge tun, die uns nicht richtig bekommen.

Region 3: Kopf, Gehirn
In unserem Kopf befindet sich die Denkzentrale, die wir zum Planen und Analysieren brauchen. Wenn diese vor Kopfschmerzen hämmert, fällt es uns schwer, einen klaren Gedanken zu fassen.

Region 4: Augen, Nase, Ohren, Mund, Zähne und Zunge
In dieser Region geht es um die Wahrnehmung und Kommunikation im Allgemeinen. Wir sehen vor lauter Wald die Bäume nicht mehr, und manchmal verbrennen wir uns den Mund, wenn unüberlegte Worte das Gegenüber hart treffen.

Region 5: Arme, Hände und Finger
Diese Region beschäftigt sich mit dem Handeln, der Delegation, aber auch dem Grenzen-Setzen. Mit den Händen versuchen wir zu begreifen, wo unser Hirn streikt. Wir wollen anpacken, die Dinge in den Griff bekommen und Aufgaben abarbeiten. Aber manchmal sind uns einfach die Hände gebunden und es will nicht recht vorangehen.

Region 6: Po, Beine, Knie, Füße und Zehen
Auch in der sechsten Region geht es darum, wieder ins Handeln zu kommen. Doch hier geht es hauptsächlich um den Fortschritt, das Durchhalten und Perspektiven-Zeigen. Damit wir zukünftig niemanden in den Hintern treten müssen, damit er sich bewegt.

Um sich nun der Projekt-Voodoo-Puppe zu nähern, betrachten wir die Gefühlswelt, also die angenehmen und unangenehmen Gefühle. Damit wir eine Handlungsempfehlung aussprechen können, hören wir genauer hin, welche bösen Wünsche, Flüche oder Redewendungen so manch einer gerne für diese Körperstelle aussprechen würde.

Abschließend möchte ich Ihnen noch drei Möglichkeiten nennen, wie Sie die Gefühlswelt Ihres Gegenübers erkunden können:

- Fragen Sie einfach, wie sich Ihr Kollege fühlt oder wie es ihm geht.
- Hören Sie genau hin, wenn Ihre Kollegen sprechen. Es sind immer wieder Gefühlsbegriffe in den normalen Gesprächen, aber auch beim Streiten vorhanden.
- Achten Sie auf die Körperhaltung. Massiert sich jemand die Schläfen, weil ihm der Kopf platzt, oder geht jemand ganz gekrümmt vor Bauchschmerzen?

Wie weiter oben im Kapitel dargestellt, können Sie die Projekt-Voo-doo-Puppe mit zwei unterschiedlichen Ansätzen nutzen. Der erste Ansatz beschreibt die positive Nutzung der Gefühlswelt. Demzufolge fragen Sie nach den Bedürfnissen Ihrer Mitarbeiter und auch danach, welches Bedürfnis den Mitarbeitern wo am besten guttut. Die zweite Nutzung ist die Verarbeitung von negativen Gefühlen. Hier geht es darum, seinen Gefühlen freien Raum zu geben. Die Frage lautet dann: Was würden Sie Ihren Lösungsvorschlägen am liebsten wünschen? Begleitet wird dies meist mit Redewendungen bis hin zu bösen Flüchen. Einige dieser Redewendungen und die damit verbundene Gefühlswelt finden Sie in den nachfolgend dargestellten Regionen.

Schauen wir uns nun die einzelnen neuralgischen Punkte und ihre Handlungsfelder im Detail an.

Herz: Erste Hilfe statt Exitus

Wenn mitten ins Herz gezielt wird, ist das Ende nah: Das Projekt steht auf der Kippe, Panik macht sich breit. Was bedeutet es, wenn das Herz eines Projekts nicht mehr richtig schlägt, und wie lässt es sich wieder in Gang setzen?

All diese Zeichen deuten darauf hin, dass das Projektherz aus dem Takt geraten ist oder bereits blutet. Nun ist Eile geboten. Eine geeignete *Wiederbelebungsmethode* muss her. Aber dafür müssen wir erst einmal verstehen, wo eigentlich das Problem ist.

Hier gibt es zwei Möglichkeiten: Entweder Sie haben eine schleichende Krise oder Sie stehen bereits an der Wand.

Erstens: Schleichende Krise

Schleichende Krisen sind sogenannte Zombie-auslösende Bedrohungen. Diese kennen Sie sicherlich noch aus Kapitel 2. Zombies legen uns lahm. Wir fühlen eine bleierne Schwere. Nichts geht mehr. Wir manövrieren uns von Tag zu Tag immer mehr ins Projektabseits. Hier hilft nur eins: Analysieren Sie Ihre Situation und fragen Sie sich:

 **Was macht uns das Projektleben zur Hölle?**

Versuchen Sie anschließend, den Zombie zu identifizieren.

Befindet sich das Projekt in einer Art Projekttrance, dann wird es der *Besessenheit-Zombie* sein. Sind Sie mit Ihrem Projekt vor einer ordentlichen Planung bereits gestartet, dann ist es der *Fluch-Zombie*. Flackern Streitherde auf und ist der Druck unerträglich, dann haben Sie es mit dem *Angst-Zombie* zu tun. Doktern Sie bereits viel zu lange erfolglos an Ihrem Projekt herum, dann kann es sein, dass der *Stillstand-Zombie* zugeschlagen hat. Die geeigneten Lösungsansätze finden Sie im entsprechenden Kapitel 2.

Zweitens: Der Totengräber nimmt Maß

Sie stehen bereits mit Ihrem Projekt an der Wand und es schlägt fünf vor zwölf. Totengräber in Form eines Vorstands oder Controllers nehmen schon Maß für die Beerdigung. Stopp! Sie könnten jetzt noch erfolgreich von den Toten auferstehen, wenn Sie die bereits vorgestellte *Projekt-Voodoo-Krisenintervention* durchführen. Aber bitte beeilen Sie sich. Die Geier kreisen bereits.

Handlungsempfehlung für die Herz-Region

Wenn es dem Projekt sozusagen an den Kragen geht, dann ist Eile geboten.

 **Achten Sie deshalb auf alles, was die Projektexistenz gefährden kann, wie zum Beispiel offene und unterschwellige Konfliktherde, Unternehmensentwicklungen, Personalwechsel, Presse etc.**

Darüber hinaus könnten auch Missverständnisse oder sogar ausgewachsene Konflikte in den folgenden Projektbereichen ein Auslöser der Probleme sein:

✓ unklare Zieledefinition und unsaubere Abgrenzung von den Nichtzielen
✓ Fehlplanungen
✓ Kürzungen in einem der vier Ziele (Zeit, Budget, Qualität, Ressourcen)
✓ Austausch oder Zuwachs von Mitarbeitern

Überblick zur Gefühlswelt »Herz«

angenehme Gefühle	unangenehme Gefühle
• erleichtert	• Panik
• warmherzig	• Stress
• stark	• Angst
• hoffnungsvoll	• Herzrasen
• es wird warm ums Herz	• Druck in der Brust

Redewendungen und böse Flüche	häufige Körperhaltung und Verhalten
• Wir werden mit Mann und Maus untergehen.	• gekrümmte Haltung
• Der wird das Zeitliche segnen.	• man umarmt seine Brust
• Dem hat seine letzte Stunde geschlagen!	• das Atmen fällt schwer
• Ihr habt doch wirklich alles bekommen, was das Herz begehrt.	• Schweiß auf der Stirn
• Hand aufs Herz, so geht es nicht weiter.	• typische Panik- und Angst-erscheinungen
• Nimm dir endlich die Sache zu Herzen.	
• Fass dir ein Herz!	
• Da fällt mir aber ein Stein vom Herzen.	
• Da ist mir aber das Herz in die Hose gerutscht.	

Hals: ohne Luft geht nichts

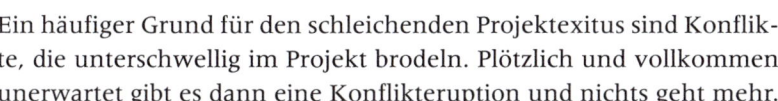

In vielen Projekten gibt es offene und versteckte Konflikte, die allen die Luft nehmen und vielleicht sogar den Wunsch wecken, dem einen oder anderen Team-mitglied die Gurgel umzudrehen. Doch wie haucht man verfahrenen Projekten frischen Atem ein?

Ein häufiger Grund für den schleichenden Projektexitus sind Konflik-te, die unterschwellig im Projekt brodeln. Plötzlich und vollkommen unerwartet gibt es dann eine Konflikteruption und nichts geht mehr.

Der Projektleiter wird meistens von den Gefühlsausbrüchen überrascht und versteht die Welt nicht mehr. Diese Konfliktherde können so heftig ausfallen, dass ganze Arbeitsgruppen die Arbeit niederlegen und die Zusammenarbeit verweigern.

Was soll ich sagen? Als Projektleiter ist man selbst schuld, wenn man nicht auf seine Schäflein achtet und sich nur in seinem Chefsessel lümmelt. Ein einfaches Frühwarnsystem ist der morgendliche Spaziergang durch die Projekträume und der *Small Talk* mit Ihren Kollegen.

 **Nutzen Sie die Management-by-Walking-around-Methode.**

Besuchen Sie Ihre Mitarbeiter, gerade auch dann, wenn Sie ein örtlich verteilt sitzendes Team haben! Denn hier reichen Videokonferenzen und Telefonate definitiv nicht aus. Der persönliche Kontakt ist immer Gold wert. Reden Sie mit Ihren Mitarbeitern über Privates, über ihre Bedürfnisse und wie es bei ihnen im Projekt gerade so läuft. Wenn Sie hier Ihre Ohren weit aufmachen, nehmen Sie die meisten unschönen Schwingungen wahr und können so rechtzeitig reagieren und Abläufe verändern.

Wenn allerdings die Luft bereits raus ist, dann brauchen Sie eine *Projekt-Refresh-Methode*. Etwas, das den Streit verfliegen lässt und die Projekträume wieder mit frischer Luft versorgt.

Als Notfall-Intervention kann ich Ihnen hier das *Essen in vollkommener Dunkelheit* ans Herz legen. Es wird in Kapitel 2.3 beschrieben und schafft es innerhalb von ein paar Stunden, dass zerstrittene Parteien wieder energiegeladen die Zusammenarbeit antreten.

Auf Dauer brauchen Sie aber eine solide Streitkultur und eine *Projekt-Relaxing-Methode*. Beides müssen Sie zusammen mit Ihrem Team erarbeiten. Eine Anleitung dafür finden Sie ebenfalls in Kapitel 2.3.

Handlungsempfehlung für die Hals-Region

Wie bei der Herz-Region geht es auch bei der Hals-Region um die Projektexistenz. Zögern Sie nicht unnötig und handeln Sie, ehe es Ihnen an den Kragen geht.

 **Achten Sie deshalb auf alles, was dem Projekt die Luft abschnürt, wie zum Beispiel offene und versteckte Konflikte, und sorgen Sie stets für frische Projektenergie.**

Darüber hinaus könnten auch Missverständnisse oder sogar ausgewachsene Konflikte in den folgenden Projektbereichen ein Auslöser der Probleme sein:

✓ Projektteamkonflikte
✓ Verantwortungskonflikte
✓ unterschiedliches Rollenverständnis
✓ unterschiedliches Verständnis von Hol- und Bringschuld

Überblick zur Gefühlswelt »Hals«	
angenehme Gefühle	**unangenehme Gefühle**
• Der Kloß im Hals verschwindet.	• Panik breitet sich aus
• Froh, dass man die Kröte doch nicht schlucken musste.	• die Luft wird knapp
• Man kann wieder mit voller Stimme sprechen.	• Angst liegt in der Luft
	• die Stimme versagt
	• jeder reagiert gereizt
	• man fühlt sich allgemein krank und schlapp
	• Halsschmerzen

Überblick zur Gefühlswelt »Hals«	
Redewendungen und böse Flüche	**häufige Körperhaltung und Verhalten**
• Der bekommt doch nie den Hals voll. • Jetzt ist der auch noch Hals über Kopf abgehauen. • Auf den habe ich schon lange einen Hals. • Dem breche ich den Hals, wenn ich ihn kriege. • Uns steht das Wasser bis zum Hals. • Jetzt stecken wir bis zum Hals im Schlamassel. • Dem hetze ich den Controller auf den Hals.	• man wärmt den Hals • häufiges Streichen über den Hals

Bauch: Bauchgefühl statt Bauchschmerzen

Das Bauchgefühl weist oft den richtigen Weg. Doch allzu oft verstehen sich Projektleiter als Controller und lassen sich vom schönen Zahlenwerk blenden – bis es zu spät ist. Wie aber lernt man, der eigenen Intuition in Projekten auch unter unsicheren Rahmenbedingungen zu vertrauen?

Was ist eigentlich das Bauchgefühl? Ist es nicht fatal, darauf seine Entscheidung zu setzen?

Das Bauchgefühl beschreiben wir auch gerne als *Intuition*. Beides beruht auf unserem *Unterbewusstsein*. Neurowissenschaftler haben herausgefunden, dass ein durchschnittlicher Mensch ca. 40 Bits pro Sekunde wahrnehmen kann. Es prasseln aber weit mehr Informationen auf uns ein. Unser Unterbewusstsein schafft dagegen eine Aufnahme von 12 Millionen Bits pro Sekunde. Dieser Vergleich ist leider nur schwer vorstellbar, deshalb versuche ich es mit einem Beispiel.

Nehmen wir an, dass ein Bit einem Grashalm entspricht, welchen wir beim Sonnenbaden auf einer Wiese sehen. Demzufolge können wir gerade einmal 40 Grashalme bewusst wahrnehmen, also in etwa das Stück Wiese, das in unmittelbarer Nähe um unsere Füße steht. Unser Unterbewusstsein erfasst aber ca. 300 000-mal so viel. Diese Zahl würde dann der Wiese in unserem gesamten Blickfeld entsprechen. Also jedes Butterblümchen, auch wenn es ein paar Meter entfernt wächst.

Ganz schön beeindruckend, wenn wir das wiederum auf unser Projekt übertragen und uns beispielsweise ein typisches Krisenmeeting vor Augen halten. Unser Gehirn ist wahrscheinlich »nur« gerade mit der Verarbeitung des aktuell sprechenden Kollegen beschäftigt, während unser Unterbewusstsein die meisten Reaktionen der anderen Beteiligten im Raum wahrnimmt. Wow. Das bedeutet, dass unser Unterbewusstsein weitaus komplexere Situationen verarbeiten kann als unser Verstand. Es schafft sozusagen eine ganzheitliche Wahrnehmung.

Der große Unterschied dabei ist nur, dass wir den Verstand aktiv lenken können. Das Unterbewusstsein tut leider das, was es will. Bei der Speicherung aller Informationen ins Unterbewusste macht es etwas sehr Bemerkenswertes, es markiert nämlich in etwa alles, was ungewöhnlich ist oder von der Norm abweicht. Unser Unterbewusstsein nimmt aber nicht nur das unbewusst Wahrgenommene auf, sondern besteht auch aus Erinnerungen, Eindrücken, Vorstellungen und Blockaden. Aus dieser Summe speist sich die Intuition. Diese erkennt, wenn etwas nicht stimmt, und zieht daraus ihre eigenen Schlüsse. Das Ganze geschieht so schnell, dass unser Verstand es nicht nachvollziehen kann.

Dabei verzichtet die Intuition auf bewusstes Wissen und Absichern. Menschen, die perfekt mit ihrer Intuition arbeiten, sind zum Beispiel diejenigen, die blitzschnell entscheiden müssen: Ärzte in der Notaufnahme, Feuerwehrmänner, aber auch Sportler, zum Beispiel im Motorsport.

Man könnte auch sagen, diese Personen haben gelernt, dass ihr Gefühl das Richtige tut. Sie bekommen einen spontanen Handlungsimpuls und vertrauen diesem!

Und was tut der normale Projektleiter? Er braucht stets *ZDF*, also *Zahlen – Daten – Fakten*, sonst entscheidet er nichts. Koste es, was es wolle. Er braucht die ultimative Absicherung seiner Entscheidung, sonst bewegt er sich nicht. Am besten beruht diese Entscheidung auch noch auf fremdem Zahlenmaterial aus dem Controlling. Dann hat er zusätzlich noch eine Fremdabsicherung. Vorsicht! Wie bereits erwähnt, das ist nur eine gefühlte Sicherheit! Absichern können Sie sich nicht! Sie sind der Projektleiter. Sie haben die Verantwortung. Also hören Sie auch auf sich selbst.

Das Spannende dabei ist, dass wir alle einmal per Intuition gelernt haben. In unserer ganz frühen Kindheit haben wir ein intuitives Verständnis dafür entwickelt, mit welcher Handlung wir ans Ziel kommen. Wenn wir als Projektleiter exzellent werden wollen, dann müssen wir da auch wieder hin. Also nicht in die Kindheit, sondern zur Intuition.

Die Frage ist deshalb: Wie finden wir zu unserer Intuition?

Eins muss klar geworden sein: Durch noch mehr Nachdenken und Analysieren klappt dies definitiv nicht. Ich gehe sogar noch weiter: Routine, Disziplin und Fleiß lenken uns zusätzlich ab. Können Sie sich noch erinnern, wann Sie Ihren letzten Geistesblitz hatten? Es war bestimmt beim Duschen, beim Tanken oder beim Gassigehen mit Ihrem Hund. Also immer dann, wenn Sie eigentlich nicht gearbeitet haben, wenn Ihr Verstand Sendepause hatte und Sie Ihren Gedanken nachhängen konnten, wenn kein Druck da war und kein Ziel erreicht werden musste. Genau diesen Zustand brauchen wir bei der Arbeit. Traumhaft, nicht wahr?

Ich gebe zu, das hört sich ein wenig verrückt an. Wissenschaftler nennen diesen Gehirnzustand auch »innere Entspannung«. Es wäre aber utopisch, anzunehmen, man könnte diesen Zustand als Projektleiter permanent erreichen. Dann müssten Sie schon Projektleiter in einem buddhistischen Kloster werden. Ich glaube, das sind die wenigsten Leser unter Ihnen, oder? Unser Ziel ist es, diesen Zustand zumindest öfter zu erreichen und uns bewusster wahrzunehmen. Die nachfolgende Übung können Sie allein oder im Team durchführen, zum Beispiel vor oder nach einem Meeting.

BEWUSSTSEINSÜBUNG – DER VOODOO-SPAZIERGANG

Es geht darum, sich selber mit allen Sinnen wahrzunehmen. Das schafft man am besten, wenn man entspannt ist, Spaß hat und spielerisch vorgeht.

Eine einfache, aber sehr effektive Möglichkeit ist ein Spaziergang barfuß über die Wiese vor Ihrem Unternehmen. Falls Sie keine Wiese haben, dann gehen Sie doch einfach durch die Unternehmensräume oder in den nächstgelegenen Park. Nehmen Sie dabei bewusst mit allen Sinnen die Eindrücke, die über Ihre nackten Füße kommen, wahr. Aber auch die darüber hinaus. Kitzelt vielleicht ein Grashalm? Wenn Sie im Büro wandern, dann fragen Sie sich einfach, wie sich ein Ordner an den nackten Zehen anfühlt? Was nehmen Sie darüber hinaus noch wahr? Gibt es Geräusche, Gerüche, schmecken Sie etwas und was sagt Ihnen Ihr Tastsinn? Was sehen Sie? Ändern Sie hierzu auch einmal die Perspektive. Haben Sie sich schon einmal auf Ihren Büroboden gesetzt und dort einen Tee getrunken? Tun Sie es einfach. Beobachten Sie die Wolken und lassen Sie Ihrer Fantasie freien Lauf. Ohne Ziel und Verstand. Wenn es genug ist, spüren Sie das. Hören Sie einfach auf Ihren Bauch.

Je öfter Sie solche Übungen machen, desto besser nehmen Sie sich selber wahr. Es ist auch eine spannende Übung für Ihr Projektteam. Ich garantiere Ihnen ein paar heitere Minuten, in denen Sie und Ihr Team bestimmt kindisch sind und für den Moment die Schwere Ihrer Probleme vergessen. Und mit ein bisschen Glück trifft Sie dann auch ein Lösungsgeistesblitz.

Jetzt wissen wir, wie wir entspannen können, ganz ohne sich Knoten in die Beine zu drehen. Nun müssen wir nur noch das Vertrauen in unsere Gefühlswelt bekommen. Hierzu können Sie, wie in Kapitel 2.2

beschrieben, ein ganz persönliches Projekttagebuch führen. In dieses notieren Sie Ereignisse und Ihr Bauchgefühl. Wenn Sie in regelmäßigen Abständen einen Abgleich der beiden Ereignisse machen, lernen Sie, wann das Bauchgefühl mit Ihrer Entscheidung übereinstimmt und wann nicht.

Handlungsempfehlung für die Bauch-Region

Ihr Bauchgefühl weiß genau, wo es langgeht.

 **Achten Sie deshalb auf alles, was die Intuition stören kann und die Entscheidungskraft einschränkt.**

Darüber hinaus könnten auch Missverständnisse oder sogar ausgewachsene Konflikte in den folgenden Projektbereichen ein Auslöser der Probleme sein:

- ✓ angespannte Arbeitsatmosphäre
- ✓ allgemeiner schlechter Umgang untereinander
- ✓ fehlende Teamkultur
- ✓ Entscheidungen wurden über den Köpfen des Teams gefällt
- ✓ Kreativität wird nicht geduldet

Überblick zur Gefühlswelt »Bauch«	
angenehme Gefühle	**unangenehme Gefühle**
• Der Bauch fühlt sich entspannt an. • Der Bauch fühlt sich aufgeräumt an. • Jetzt bin ich satt und zufrieden.	• Ich glaube, ich habe eine Magenverstimmung. • Hab ich heute einen nervösen und gestressten Magen! • Ich habe Hunger. • Ich spüre so eine Wut im Bauch.

Überblick zur Gefühlswelt »Bauch«	
Redewendungen und böse Flüche	**häufige Körperhaltung und Verhalten**
• mit Leib und Seele dabei sein	• man läuft gekrümmt
• einer Sache zu Leibe rücken	• man hält sich den Bauch
• nicht auf dem Damm sein	• man streichelt sich den Bauch
• sich den Bauch vollschlagen	• man braucht etwas Warmes zum Trinken für den Bauch
• Ein voller Bauch studiert nicht gerne.	
• Der ist doch grün vor Neid.	
• Dem ist aber eine Laus über die Leber gelaufen.	
• Sag mal frei von der Leber, stimmt das?	

Kopf: was Projektteams am klaren Denken hindert

Der Kopf symbolisiert die Kommandozentrale eines Projekts. Wenn er schmerzt,
fehlt die Energie zum klaren Denken und
damit zur systematischen Problemlösung.
Und kopfloser Aktionismus hilft sowieso
nicht weiter.

Wenn der Kopf zu platzen droht, befindet man sich
oft in einem Energietief. Überlegen Sie ganz pragmatisch,
wie Sie kurzfristig das Energielevel wieder anheben können.

Drei Dinge, als sofortige *frische Kickmaßnahme* haben sich hier bewährt:

• Sauerstoff,
• Bewegung und
• eine kleine Ablenkung von der aktuellen Tätigkeit.

Das kann bedeuten, dass Sie frische Luft durch die Projekträume flie-
ßen lassen. Holen Sie sich einen Kaffee oder Tee und genießen Sie die
kurze Auszeit, indem Sie Ihre Gedanken baumeln lassen. Halten Sie
vielleicht ein Schwätzchen mit Ihren Kollegen, bevor es weitergeht.
Oder bewegen Sie sich und drehen eine kleine Runde um das Un-
ternehmensgebäude. Sollten Sie in einem Unternehmen beschäftigt
sein, wo es vielleicht sogar einen Tischkicker gibt? Super, dann lassen
Sie einfach mal fünfzehn Minuten die Sau raus. Sie glauben gar nicht,
wie schnell Sie wieder aus Ihrem Leistungstief raus sind, wenn Sie mit
dieser Aktion nicht bis zum pochenden Kopfschmerz warten.

Aber was ist zu tun, wenn es mit solch einfachen Maßnahmen nicht
getan ist? Wenn klares Denken im Projekt schon seit Längerem nicht
mehr möglich ist? Beispielsweise, wenn Meetings seit Wochen ohne
nennenswerte Ergebnisse grundlos in die Länge gezogen werden, weil
man sich verstrickt oder vor lauter Planung die Meilensteine nicht
mehr sieht. Oder gar die Denkstarre das ganze Projektteam ergrif-
fen hat. Dann müssen Sie Ursachenforschung betreiben. Und zwar
schleunigst, bevor kopfloser Aktionismus noch einen Projektscha-
den verursacht. Wenn die Projektkopfschmerzen nicht offensichtlich
sind – und das ist meistens der Fall –, dann ist es das Einfachste, wenn
Sie sich im kleinen Kreis Ihrer Projektvertrauten zusammentun und
die folgenden Überlegungen gemeinsam betrachten.

SYSTEMATISCHE PROBLEMANALYSE – DIE POPEYE-METHODE[5]

Zeichen Sie hierzu einen Zeitstrahl auf eine Metaplanwand und ergänzen Sie an
diesem Zeitstrahl alle Meilensteine. Nun fragen Sie in die Runde:

✓ Welche besonderen inneren und äußeren Ereignisse sind in dieser Zeit
   passiert?
✓ Welche Personen haben wann welche Art von Druck ausgeübt?
✓ Welche wichtigen Projektentscheidungen sind wann und durch wen gefällt
   worden?

✓ Gab es Projektkonflikte und wenn Ja: Wann waren die? Welche Personen waren beteiligt? Und wie sind sie ausgegangen?

Verteilen Sie, nachdem Sie Ihren Zeitstrahl regelrecht mit Ereignissen zugepflastert haben, Aufkleber mit Bomben und mit Spinat. Falls Sie keine zur Hand haben, können Sie auch rote und grüne Klebepunkte (und zwar so viele, wie die Teilnehmer haben möchten) verteilen.

Die *roten Klebepunkte* stehen dann für tickende Zeitbomben. Also Themen, Ereignisse oder Personen, durch deren Kritikalität das Projekt wie eine Bombe bald in die Luft gehen wird.

Grüne Klebepunkte stehen für den grünen Spinat, der Ihren Projektbizeps wie bei Popeye anschwellen lässt. Das sind Themen, Ereignisse oder Personen, die Ihrem Projekt einen besonderen frischen Kick geben. Und Ihrem Team zu ungeahnter Energie verhelfen können. Das können Gönner oder auch spannende neue Themen sein.

Lassen Sie nun die Teilnehmer nach ihrem Ermessen die roten und grünen Klebepunkte (oder Bomben- und Spinataufkleber) innerhalb von fünf Minuten und ohne Diskussion verteilen. Sie bekommen so auf einfachste und amüsante Art ein Stimmungsbild:

- *Energiediebe* werden durch die Bomben (roten Punkte) sofort sichtbar und können nun aktiv angegangen werden.
- Aber auch *Energiequellen*, die durch den Spinat (die grünen Punkte) gekennzeichnet sind, können Sie nun aktiv als Projekt-Refresh nutzen.

Handlungsempfehlung für die Kopf-Region

 **Für genügend Energie zwischendurch sorgen Sofortmaß-
nahmen wie Lüften, Bewegung oder eine kurze Ablenkung.
Sollten die Energiediebe aber schon länger wüten, helfen
Spinat und Bomben, den Dieben und Energiequellen auf die
Spur zu kommen.**

Manchmal sind die Energiediebe aber besonders gut getarnt. Dann
könnten auch Missverständnisse oder sogar ausgewachsene Konflikte
in den folgenden Projektbereichen ein Auslöser der Problematik sein:

✓ fehlende Risikobetrachtung und fehlendes Frühwarnsystem
✓ lückenhafte Planung
✓ Missbrauch von Puffern
✓ Überspringen von Projektphasen
✓ unreflektiertes Verschieben von Meilensteinen
✓ nicht abgestimmte Entscheidungen
✓ unklares Delegieren

Überblick zur Gefühlswelt »Kopf«	
angenehme Gefühle	**unangenehme Gefühle**
• Das begeistert mich.	• Mein Kopf platzt gleich.
• Jetzt bin ich sorgenfrei.	• Das Denken fällt mir so schwer, ich bin so müde.
• Ich fühle mich ausgeschlafen und leistungsstark.	• Keiner versteht mich.
	• Das bereitet mir Kopfzerbrechen.

Überblick zur Gefühlswelt »Kopf«	
Redewendungen und böse Flüche	**häufige Körperhaltung und Verhalten**
• Ich bin wie vor den Kopf geschlagen. • Dem muss mal jemand den Kopf waschen. • Steck den Kopf nicht in den Sand. • Ich reiß dir den Kopf ab, wenn du … • Warum muss ich immer meinen Kopf hinhalten? • Der redet sich noch um Kopf und Kragen. • Jetzt machen wir Nägel mit Köpfen und fangen an. • Der haut doch nur das Projektgeld auf den Kopf.	• man massiert sich die Schläfen und den Nacken

Auge: wo niemand genau hinsieht

Oft würde es helfen, einfach die Augen aufzumachen, um Projekte wieder voranzubringen. Blinde Flecken geben meist wenig Anlass zur Sorge: Mit einem frischen Blick, auch mit der Unterstützung von außen, sind sie schnell erkannt und beseitigt.

Wir kennen das. Tun wir eine Tätigkeit über längere Zeit, so werden wir betriebsblind und übersehen leicht wichtige Details. Und je stärker die Routine wird, desto größer wird der »blinde Fleck«. Schnell schleichen sich Fehler ein, die zu einer mittleren Katastrophe anwachsen können.

Hier helfen drei einfache Dinge:

Erstens: Unterbrechen Sie die Routine, wann immer es möglich ist.

Führen Sie die *frischen Kickmaßnahmen* aus dem vorhergehenden Kapitel durch. Diese können wahre Wunder wirken, erst recht, wenn Ihnen vor Routine und Langeweile der Durchblick fehlt.

Zweitens: Suchen Sie sich einen Sparringspartner.

Also einen Kollegen, der nicht die gleiche Tätigkeit verrichtet wie Sie. Erklären Sie diesem in regelmäßigen Abständen Ihren aktuellen Stand. Führen Sie aus, warum Sie gerade diesen Weg gewählt haben und weshalb es für Sie so einfach ist. Nehmen Sie das Geschenk freudig an, wenn der Kollege Ihren Ausführungen nicht folgen kann. Verfolgen Sie nun den Gedankengang des Kollegen und finden Sie die Unterschiede. Denn es könnte sein, dass Sie gerade Ihrer Denkroutine ein Schnippchen schlagen können.

Drittens: Benutzen Sie bei besonders kritischen Themen einfach das Vier-Augen-System.

Das bedeutet, bei wichtigen Themen und Entscheidungen schauen immer zwei Augenpaare auf das Anliegen und geben das Dokument oder die Entscheidung gemeinsam frei. Wichtig ist dabei, dass beide Personen gleiche Entscheidungsbefugnisse besitzen. Soll heißen: Kann einer das Dokument nicht freigeben oder die Entscheidung nicht tragen, dann muss nachgebessert werden, bis eine Einigung gefunden wird. So gehen Sie sicher, dass Sie vor lauter Betriebsblindheit nichts übersehen haben.

Handlungsempfehlung für die Augen-Region

Blinde Flecken sind keine Schandmale, sondern einfach zu beheben. Sorgen Sie für genügend Energie und Abwechslung in der Alltagsroutine. Wenn es kritisch ist, helfen das Vier-Augen-System und ein Sparringspartner für einen besonders klaren Durchblick.

Sollten die drei oben genannten Maßnahmen nicht helfen, dann könnten auch Probleme in den folgenden Bereichen den Blick trüben:

- ✓ fehlende Transparenz in der Aufgabenstellung
- ✓ Reporting, welches nicht wirklich den Kern der Sache trifft
- ✓ zu kleinteiliges Controlling, das am Wesentlichen vorbeischießt
- ✓ fehlende oder mangelhafte Stakeholder- und Umfeldanalyse
- ✓ zu viel Interpretationsfreiheiten in der Delegation

Überblick zur Gefühlswelt »Auge«	
angenehme Gefühle	**unangenehme Gefühle**
• Deine Augen strahlen heute aber. • Meine Augen fühlen sich heute ausgeruht an. Jetzt kann es losgehen. • Deine Augen blitzen heute aber unternehmenslustig.	• Ich habe keinen Durchblick mehr. • Ist das anstrengend, mir brennen vielleicht die Augen. • Du schaust ja melancholisch. • Schau nicht so bedrückt!
Redewendungen und böse Flüche	**häufige Körperhaltung und Verhalten**
• Sollen wir mal ein Auge riskieren? • Für ihn ist das Thema doch schon längst aus den Augen, aus dem Sinn. • Das passt doch wie die Faust aufs Auge. • Hast du Tomaten auf den Augen? • Der schläft doch mit offenen Augen. • So blauäugig kann man doch nicht sein. • Lasst uns doch noch mal ein Auge zudrücken.	• Augen reiben • Augen tränen • häufiges Blinzeln

Nase: wenn es allen stinkt

Stress kann man riechen, schlechte Stimmung auch. Bevor also Nasenstüber verteilt werden, sollte geklärt werden, was allen stinkt und wo die Ursache allen Übels liegt.

Kennen Sie das? Sie gehen in einen Raum und können den Ärger dort förmlich riechen. Schweiß liegt in der Luft, abgestandener Kaffee müffelt und der Müll, in dem sich die Bananenschale vom Vortag befindet, läuft auch über. Besonders kritisch wird es, wenn man auch noch eine Voodoo-Nadel fallen hören würde. Jetzt heißt es vorsichtig sein und ja nichts Falsches tun. Besonders in angespannten Situationen hört man gerne, was man hören will. Erst recht, wenn einem der Stress bis zur Nase steht. Und Sie wissen ja, Stress löst unbeliebte Reaktionen wie Angriff, Flucht und Starre aus.

Ein falscher Funke, beziehungsweise ein falsches Wort, und Sie haben als Projektleiter in diesem Moment das Nachsehen. Da hilft nur eins:

Suchen Sie die Ursache allen Übels und nehmen Sie die *Fährte des Verwesungsgeruchs* auf. Analysieren Sie nun diesen Gestank:

- ✓ Was stinkt gerade alles?
- ✓ Und wem stinkt es gerade?
- ✓ Gab es vielleicht ein falsches Wort oder eine missverständliche Präsentation?
- ✓ Wurden unschöne Worte in der Kommunikation gewählt oder hat gar der Blitz von oben in Form von Anordnungen eingeschlagen?

Finden Sie es heraus und sprechen Sie darüber mit Ihren Kollegen. Suchen Sie gemeinsam nach Lösungsansätzen, die schnellstmöglich wieder ein freundliches Lächeln um die Nase zaubern. Behandeln Sie dabei Ihren Gesprächspartner besonders wertschätzend und respektvoll. Es mag zwar sein, dass Dinge, die ans Tageslicht kommen, aus Ihrer Sicht harmlos sind. Aber Ihr Kollege sieht es ganz bestimmt nicht so. Also vermeiden Sie jegliches Herunterspielen oder Verniedlichen von Tatsachen. Ansonsten könnte es doch noch passieren, dass Sie die Boxhandschuhe anziehen müssen. Und das führt schnell zu einer blutigen Nase, gerade wenn Aggressionen im Spiel sind.

Handlungsempfehlung für die Nasen-Region

 **Suchen Sie die Ursachen allen Übels und nehmen Sie Ihre Kollegen ernst.**

Reflektieren Sie, ob eine unpassende Wortwahl oder missverständliche Äußerungen im Zusammenhang mit den unten genannten Themen der Auslöser für die dicke Luft sein können:

- ✓ Präsentationen
- ✓ Kommunikation
- ✓ Anordnungen
- ✓ Delegation
- ✓ unabgestimmte Entscheidungen
- ✓ E-Mail-Verkehr
- ✓ Flurfunk

Überblick zur Gefühlswelt »Nase«	
angenehme Gefühle	**unangenehme Gefühle**
• endlich wieder tief Luft holen können	• Hier stinkt es aber.
• man riecht wieder etwas	• Riecht das aber eklig.
• Hier riecht es aber großartig.	• Das Atmen fällt schwer.

Ohr: der Ton macht die Musik

Ein Grundübel vieler ergebnisloser, aber nicht enden wollender Projekte ist: Viele reden mit, keiner hört zu – am liebsten in Dauermeetings mit großer Besetzung. Aber warum wollen manche nicht hören?

Ja – die beliebten Jours fixes. Ich nenne das gerne »Schäfchen zählen«. Zum einen, weil mehr als die Hälfte aller Anwesenden unbeteiligt sind, und wenn sie nicht krampfhaft nach einer anderen Beschäftigung in ihrem Laptop suchen, zählen sie Schäfchen. Und zum anderen, weil es einfach ein tolles Machtgefühl ist, wenn man all seine Schäfchen um sich versammelt hat. Da kommt man sich als Projektleiter einfach groß vor. Dumm nur, dass man zum Schafehüten meist auch abgerichtete Schäferhunde braucht. Und diese Ausbildung steht bei uns in der Regel nicht auf dem Plan. Zum Glück!

Also machen Sie sich Ihr Leben nicht so schwer und beachten Sie einfach die folgenden sechs Tipps. So gelangen Sie zu *Projekt-Voodoo-Jour-fixe- und -Meetingregeln auf höchstem Niveau*.

Erstens: Erstellen Sie eine Agenda.
Oft gehört, selten durchgeführt. Stellen Sie im Vorfeld eine Agenda auf und fragen Sie die potenziellen Teilnehmer, über welche Themen sie Redebedarf haben. Geben Sie jedem Agendapunkt ein definiertes Zeitfenster. Und reservieren Sie einen Puffer von insgesamt 20 Prozent der Meetingzeit für Unvorhergesehenes.

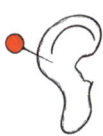

Zweitens: Bestimmen Sie im Meeting einen Zeitnehmer.
Dieser gibt Ihnen ein Zeichen, wenn Sie bei einem Thema über das Zeitfenster kommen. Sollte das der Fall sein, dann stoppen Sie die Diskussion bzw. überlegen Sie vorher, ob Sie das Thema heute im Meeting zielführend behandeln können oder nicht. Ist das nicht der Fall, dann verschieben Sie das Thema auf das nächste Meeting. Sollte der Zeitpunkt zu spät sein, so entscheiden Sie, ob Sie andere Themen von der Agenda nehmen oder ob Sie das Thema beispielsweise bilateral nach dem Meeting weiterbesprechen und im Anschluss daran alle Beteiligten über den Ausgang informieren. Auf jeden Fall sollten Sie die bestehende Diskussion stoppen und das passende weitere Verfahren einleiten. So haben Sie eine Chance, Dauerdiskussionen zu vermeiden und lenkend einzugreifen.

Drittens: Laden Sie nur einen eingeschränkten Personenkreis ein.
Wenn Sie unbedingt eine Volkszählung durchführen wollen, dann machen Sie dies bei einem angenehmeren Anlass, wie beispielsweise bei einem Feierabendbier. Viel effektiver verlaufen Ihre Meetings, wenn Sie nur die Personen zum Meeting einladen, die Sie auch wirklich für die anstehende Agenda benötigen.

Viertens: mehr Klarheit durch das Protokoll und einen Aktionsplan
Durch ein detailliertes Protokoll inklusive eines *Aktionsplans* sollten im Anschluss an dieses Meeting zeitnah die nicht anwesenden Kollegen über die Entscheidungen informiert werden. Der Aktionsplan sollte die folgenden Dinge ab-

bilden: »Wer macht was mit wem bis wann? Und wer kontrolliert das Ergebnis?« So können alle Beteiligten ihre Zeit am sinnvollsten nutzen. Ein kleiner Nebeneffekt: Dauerdiskussionen sind im kleinen Kreis eher selten.

Fünftens: Entschärfen Sie Nebelbomben – der Themenparkplatz.

Nicht selten kommt es vor, dass in Meetings Teilnehmer unbedingt noch die Beachtung eines bestimmten Themas lauthals fordern. Gehen Sie auf diese Störungen ein. Denn wenn Sie es nicht tun, wird der Störer immer lauter und blockiert den weiteren Meetingablauf. Deshalb haben Störer immer Vorrang. Unterbrechen Sie sichtbar das aktuelle Thema und bitten Sie den Störer, sein Anliegen in zwei Sätzen vorzubringen. Sollte dieser einen größeren Monolog führen wollen, dann stoppen Sie ihn mit der Begründung, dass er sich knapp fassen soll. Schafft er das nicht, dann unterbrechen Sie ihn erneut und bieten ihm an, nach dem Meeting mit ihm über sein Thema zu sprechen. Stellt der Störer hingegen sein Thema kurz und klar dar, so überlegen Sie sich die weitere Vorgehensweise. Wenn das Anliegen wirklich Aktualität besitzt, dann nehmen Sie stattdessen einen anderen Agendapunkt von der Liste. Falls nicht, dann notieren Sie für alle sichtbar das Thema auf ein Flipchart, das den Titel »Themenparkplatz« trägt. Legen Sie kurz fest, wer sich wann mit dem Thema beschäftigen soll. Anschließend beenden Sie jegliche weitere Diskussion zu diesem Thema, mit der Begründung, dass Sie sich darum kümmern werden.

Sechstens: Geben Sie jedem die richtige Bühne.

In Kapitel 3.1 haben wir über die unterschiedlichen Motivationstypen gesprochen. Der eine möchte gerne die Kontrolle bewahren und Macht ausüben. Der Nächste möchte einfach dazugehören und für eine gute Stimmung sorgen. Und wieder ein anderer möchte immer die größtmögliche Leistung produzieren. Für ihn zählt das Ergebnis und die Anerkennung seiner Leistung, koste es, was es wolle. Diese drei Typen begegnen Ihnen auch in einem ganz normalen Projektmeeting. Aber auch hier gibt es einfache Tricks, um das Meeting sinnvoll nach vorn zu bringen. Bitten Sie zukünftig diejenigen, die ein ausgeprägtes Machtbedürfnis haben, als Erstes um eine Stellungnahme. Teilnehmer mit einem großen Leistungsmotiv sollten das letzte Wort bekommen und die Möglichkeit haben, die Ergebnisse in ihren eigenen Worten zusammenzufassen. Teilnehmer, deren Motiv die Zugehörigkeit ist, sollten Sie gebührend in den Ablauf integrieren. Wenn Sie Ihre Kollegen entsprechend ihrer Bedürfnisse ansprechen, dann gibt es keine verbalen Ausschreitungen mehr. Denn jeder fühlt sich adäquat beachtet.

Handlungsempfehlung für die Ohren-Region

Meetings müssen nicht aus dem Rahmen fallen, wenn Sie einen geeigneten vorgeben.

 **Stellen Sie eine Agenda auf und laden Sie nur die Teilnehmer ein, die Sie dafür wirklich brauchen, und beachten Sie deren Bedürfnisse.**

Achten Sie auf die folgenden Bereiche, und Meetingprobleme sind kein Thema mehr für Sie:

- ✓ Planen und strukturieren Sie Ihre Meetings.
- ✓ Grenzen Sie den Teilnehmerkreis entsprechend der Agenda ein.
- ✓ Führen Sie bestimmt und konsequent durch Meetings.
- ✓ Achten Sie auf die Bedürfnisse Ihrer Teilnehmer.
- ✓ Erstellen Sie ein Protokoll mit einem Aktionsplan.

Überblick zur Gefühlswelt »Ohr«	
angenehme Gefühle	**unangenehme Gefühle**
• Jetzt hört mir endlich wieder jemand zu.	• Spricht der so leise oder höre ich heute schlecht?
• Es ist nicht zu laut und nicht zu leise, genau richtig.	• Hörst du auch die Geräusche?
• Das hört sich gut an.	• Muss der so flüstern?

Zähne: wieder kräftig zubeißen

Gerade wenn es wehtut, müssen Zähne gezogen werden, damit das Projektergebnis nicht mehr wackelt. Es ist also Zeit für harte Entscheidungen: neue Spielregeln, die Trennung von einzelnen Projektpartnern oder gar die einvernehmliche Beendigung des Projekts.

Setzen Sie sich durch, damit Sie bald wieder kräftig zubeißen können!

Die Mund-Region ist schon eine besondere. Denn oftmals kauen wir Themen immer wieder durch, aber am Ende halten wir dann doch die Klappe. Um uns anschließend auf die Zunge zu beißen, damit nur ja kein ungeschicktes Wort über unsere Lippen geht. Dabei schreien schon längst alle unsere Poren: »Sag es!« Und zwar heute und nicht morgen, damit wir endlich die Starre verlassen und das Projekt weitergeht.

Die Durchsetzungskultur – heute und nicht morgen

Entscheidungen zu treffen ist das eine, aber zur Durchführung fehlt uns oft der Mumm. Da werden wir lieber zu Zombies, als dass wir uns die Zunge verbrennen. Warum sind wir plötzlich solche Angsthasen? Weil wir in der Regel die hundertprozentige Sicherheit suchen. Und die gibt es nicht. Wenn Sie aber die vier wichtigsten Regeln über das Durchsetzen beachten, kommen Sie schon verdammt nah an die hundert Prozent ran.

Erstens: Denken Sie unternehmerisch!
Überlegen Sie sich also, warum Sie so entschieden haben und was es dem Unternehmen bringt. Da alle Ihre Kollegen im gleichen Unternehmensboot sitzen, sollte die Interessenlage bei allen gleich sein. Schließlich wollen alle das Gleiche, nämlich, dass es dem Unternehmen und einem selber gut geht.

Zweitens: Schlagen Sie den Weg ein, den das Ziel wirklich braucht!
Gehen Sie also keine unnötigen Schleifen und hinterfragen Sie Prozesse und Regeln. Sind diese dem Ziel nützlich oder nicht? Verschleppen Sie dabei nicht Entscheidungen, sondern nehmen Sie den direkten Weg zum Ziel.

Drittens: Bleiben Sie hart zur Sache und weich zum Menschen!
Haben Sie einmal eine Entscheidung getroffen und sind gerade bei der Umsetzung, dann bleiben Sie hart in Ihrer Entscheidung. Nur die Verpackung beziehungsweise wie Sie diese Entscheidung den Menschen beibringen wollen sollte weich und nachvollziehbar sein.

Viertens: Fehler sind erlaubt!
Sollten Sie bei der Umsetzung feststellen, dass Ihre Entscheidung doch nicht so gut war, dann lenken Sie rechtzeitig ein. Sie müssen das Projekt nicht über die Klippen springen lassen, bloß weil Sie auf Teufel komm raus Ihre Fehler nicht eingestehen wollen. Durch Fehler können wir wachsen, also leben Sie eine positive Fehlerkultur im Sinne des Projekts und setzen Sie sich durch.

Handlungsempfehlung für die Mund-Region

 **Das Wesentliche ist: Setzen Sie sich durch!**

Vielleicht sind ja die folgenden Themen ein Grund zum schnellen Handeln. Schauen Sie besser einmal nach, ob etwas davon zutrifft:

- ✓ Welche Entscheidungen werden vertagt und verschleppt?
- ✓ Sind Entscheidungen gefällt worden, aber die entsprechende Umsetzung ist liegen geblieben?
- ✓ Mangelt es an einer Fehlerkultur?

Überblick zur Gefühlswelt »Mund«	
angenehme Gefühle	**unangenehme Gefühle**
• Jetzt kann ich endlich wieder richtig zubeißen. • Das schmeckt mir.	• Jetzt habe ich mir aber auf die Zunge gebissen. • Hab ich Zahnschmerzen! • Mein Kiefer ist ganz verspannt. • Bist du überlastet? Du knirschst mit den Zähnen. • Diese Entscheidung schmeckt mir nicht.
Redewendungen und böse Flüche	**häufige Körperhaltung und Verhalten**
• Dem ziehe ich den Zahn. • Wann können wir wieder richtig zubeißen? • Ich gehe echt auf dem Zahnfleisch. • Das wird heute kein Zuckerschlecken. • Der hat mir das in den Mund gelegt! • Da kann man sich den Mund fusselig reden und es passiert nichts. • Halt endlich die Klappe! • Der beißt doch ins Gras.	• die Wange reiben • die Wange warmhalten

Hand: auf die Finger klopfen

Manchmal reicht es, anderen leicht auf die Finger zu klopfen, und alles läuft wieder wie geschmiert. Wichtig ist aber, dass niemand Angst haben muss, sich im Projekt die Finger zu verbrennen. Denn wenn Angst im Spiel ist, dann schweigen die einen und bei den anderen fliegen vorschnell die Fäuste.

Kennen Sie *Waldorf-Projektmanagement?* Ich meine nicht ein Projekt in der Waldorfschule, sondern den Projektstil à la Waldorfschule. Nein? Das glaube ich nicht. Aber *Kuschelpolitik* kennen Sie bestimmt. Und beides erlebe ich immer wieder. Aber Hand aufs Herz, beides hat im realen Projektleben höchstens etwas in einer Wattefabrik zu suchen. Seltsam, dass es aber immer wieder von Unternehmen gefordert wird. Leider kann es aber nicht funktionieren. Wir sind von Menschheitsbeginn an auf Überleben getrimmt. Allein unsere Sozialisierung sorgt dafür, dass wir uns anständig benehmen. Schaffen wir aber keinen Ausgleich für die Anspannungen im Projekt, so schaukeln sich die Stimmungen hoch und es bedarf nur eines winzigen Anlasses, damit die Situation explodiert.

Warum verlangt man also, dass alle Projektbeteiligten ihre Aggressionen in sich reinfressen sollen? Was in der Regel sowieso nicht funktioniert. Das soll jetzt nicht heißen, dass Sie, als Projektleiter, wie Al Capone auftreten und Angst und Schrecken verbreiten sollen. Damit würden Sie sozusagen die Abkürzung im Reptiliengehirn eines jeden einzelnen Teammitglieds nehmen. Dann würde der Überlebensinstinkt zuschlagen. Angriff, Flucht oder Starre wären an der Tagesordnung.

Also, was tun, wenn Führungsstile à la Wattebällchen werfen und Mafioso nicht der richtige Weg sind? Da helfen folgende Tipps:

Erstens: Setzen Sie Grenzen und leben Sie diese!
Kommunizieren Sie diese sauber und unmissverständlich in alle Richtungen. Aber Vorsicht, drohen Sie nicht mit Konsequenzen, die Sie nicht ausführen werden. Sonst werden Sie im Nullkommanichts als unglaubwürdig eingestuft. Denn Hunde, die bellen, beißen bekanntlich nicht.

Zweitens: Lernen Sie die Kunst des richtigen Delegierens.
Delegieren Sie auf höchstem Niveau, um Missverständnissen vorzubeugen und Ängste zu beseitigen. Hiermit schaffen Sie Transparenz in den Aufgaben, und durch die richtige Motivation erfolgt das Anpacken wie von allein. Im Grunde ist Delegation einfach, wenn Sie sich über die folgenden Fragen vor dem Delegieren genügend Gedanken machen:

Projekt-Voodoo-Delegationscheckliste:

- Was soll getan werden?
- Wer soll es tun?
- Mit wem soll er es tun?
- Womit sollen Sie es tun?
- Bis wann soll die Arbeit erledigt werden? Gibt es fixe Termine vor der Endabgabe?

- Wie erfolgt die Ergebnisübergabe?
- Wer nimmt das Ergebnis ab?
- Wer überprüft den Erfolg des Ergebnisses?

- Warum, also mit welcher Motivation, soll es getan werden?
- Was haben die Ausführenden davon, wenn sie es tun?

- Welche Schwierigkeiten werden erwartet?
- Was brauchen die Ausführenden für ihre Tätigkeit?

- Was passiert, wenn der Termin beziehungsweise die Termine nicht gehalten werden?
- Welche Konsequenzen ergeben sich daraus für alle Beteiligten?

Nun müssen Sie diese Erkenntnisse nur noch bei der eigentlichen Aufgabenübertragung mitteilen. Und anschließend denjenigen, der die Aufgaben ausführen soll, darum bitten, mit seinen eigenen Worten zu wiederholen, was er zu tun hat und warum es so wichtig ist. Dabei können Sie überprüfen, ob Sie beide das gleiche Verständnis von der Aufgabe haben. Lassen Sie Ihr Gegenüber aber bitte nicht von Ihren Aufzeichnungen ablesen.

Wenn Sie sich vor dem Delegieren der Aufgaben zu den oben genannten Fragen ausführlich Gedanken machen und überprüfen, ob derjenige, dem Sie eine Aufgabe übertragen, auch wirklich das gleiche Verständnis hat wie Sie, dann läuft es schon fast von allein.

Handlungsempfehlung für die Hand- und Finger-Region

Setzen Sie Grenzen und leben Sie diese, aber ohne dabei den anderen zu verängstigen. Lernen Sie die Kunst der Delegation und Ihr Team wird Sie auf Händen tragen.

Neben der Delegation und dem Grenzen-Setzen könnten auch Missverständnisse in den folgenden Projektbereichen ein Auslöser der Probleme sein:

- ✓ unklare Verantwortung
- ✓ unklares Rollenverständnis
- ✓ fehlende Definition von Hol- und Bringschuld

Überblick zu den Gefühlswelten »Hand und Finger«	
angenehme Gefühle	**unangenehme Gefühle**
• Endlich können wir so richtig zupacken.	• Alle Lösungsansätze flutschen uns nur so durch die Finger. • Ich bekomme schweißnasse Hände, wenn wir so entscheiden.
Redewendungen und böse Flüche	**häufige Körperhaltung und Verhalten**
• Dem würde ich so gerne mal auf die Finger klopfen. • So ein Langfinger! • Der soll sich schön an der Aufgabe die Finger verbrennen! • Der wickelt uns immer um den kleinen Finger, so ein Schuft. • Der schafft es, der hat ein Händchen für die Sache. • Schlag ein! • Lasst uns in die Hände spucken und endlich starten. • Ich lasse dir doch immer freie Hand!	• nervöses Rumfingern • alles angrapschen müssen • häufiges Über-seine-eigene-Kleidung-Streichen • häufiges Ballen der Faust

Po: den Hintern wieder hochbekommen

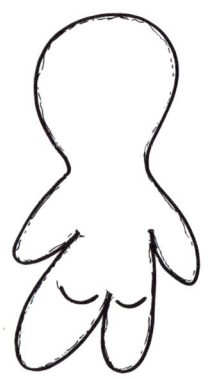

Anderen ins Hinterteil zu treten, hilft manchmal, meist aber nur kurzfristig. Viel wichtiger ist es, selbst den Hintern hochzubekommen, endlich wieder zu handeln und das Projekt erfolgreich Richtung Ziel zu führen. Und das müssen alle spüren!

Leichter gesagt als getan. Was tut man als Projektleiter, wenn man selber gerade im Tal der Antriebslosigkeit ist? Wenn man spürt, dass die eigenen Kräfte begrenzt sind und die erste Halbzeit noch nicht beendet ist? Wie schafft man es, selber wieder den Hintern hochzubekommen, wenn die

Projektsituation eher zum Weglaufen ist? Durch eine einfache Strategie: Sorgen Sie erst für sich selber und dann für Ihr Team!

Gehen Sie als Erstes in die *Selbstreflexion* und stellen sich folgende Fragen:

✓ Warum will ich dieses Projekt erfolgreich beenden?
✓ Was war mein Motiv, diese Projektleitung anzunehmen?
✓ Welche Träume und Visionen hatte ich, als ich das Projekt übernommen habe?
✓ Was ist eigentlich das große Ganze hinter dem Projekt?
✓ Welchen Stellenwert hat das Projekt im Unternehmen?
✓ Wie bringt das Projekt das Unternehmen und mich nach vorn?
✓ Wie kann ich mich in diesem Projekt selbst verwirklichen?

Grübeln Sie nicht zu tief, sondern schauen Sie eher, was Ihnen spontan zu den Fragen einfällt, und notieren Sie dies. Anschließend geht es mit den folgenden Fragen weiter:

✓ Was oder wer hat mich ins Tal der Antriebslosigkeit gebracht?
✓ Was hat mein Team dort hingebracht?
✓ Welche Miesepeter und Schwarzmaler haben mir und meinem Team die Motivation genommen?

Und nun kommen Sie zum Finale. Suchen Sie nach einem geeigneten Trostpflaster und fragen Sie sich:

✓ Von wem bekomme ich Respekt und Anerkennung?
✓ Wer unterstützt mich?
✓ Was hat mir bisher besonders Spaß gemacht und wo war ich sogar in meinem Flow?
✓ Was braucht es, um diesen Flow und Spaßfaktor wieder zu erreichen?

So, und nun wird in die Hände gespuckt. Machen Sie einen ganz persönlichen Aktionsplan aus dem Gesammelten. Treten Sie sich selber in den Hintern und setzen die Erkenntnisse mit Priorität A um.

Wenn Sie selber wieder lachen können, dann sind Sie auch bereit, sich um Ihr Team zu kümmern. Vorher nicht!

DIE »ICH-BIN-DER-VOODOO-MEISTER«-METHODE

Je nach Level der Teamantriebslosigkeit können Sie den Fragebogen in gleicher oder in gekürzter Art anschließend in einem Workshop für Ihr Team benutzen. Aus dem Ergebnis des Fragenkatalogs erstellen Sie einen Aktionsplan für Ihr Team. Klären Sie außerdem noch einmal die Verantwortung eines jeden Einzelnen und seine Ziele. Stellen Sie dar, wie sich jeder Einzelne im Projekt selbst verwirklichen kann.

Erarbeiten Sie zusätzlich, wer oder was die Antriebslosigkeit erzeugt hat, und entwickeln Sie gemeinsam Strategien, um sie abzustellen.

Beenden Sie den Workshop mit einem besonders schönen Erlebnis, zum Beispiel mit einem guten Essen, einer Querfeldeinwanderung oder einem Tischkicker-Turnier. Sie können auch für frische Energie sorgen, wenn Sie zum gemeinsamen Kochen mit einem Kochprofi einladen oder für einen Abend unter professioneller Anleitung eine Projekt-Rockband gründen.

Gehen Sie in die Führung, und zwar in die Selbstführung. Glauben Sie mir, wenn Sie als Führungsperson wieder motiviert sind und strahlen, dann springt der Funke über. Positive Menschen sind ansteckend. Also sorgen Sie für die eigene positive Energie, der Rest kommt dann wie von selbst.

Handlungsempfehlung für die Po-Region

 **Sorgen Sie erst für sich selber und dann für Ihr Team!**

Auf der Suche nach dem Projekt-Miesepeter macht es auch Sinn, in den folgenden Themen zu graben:

- ✓ Wie realistisch sind die Ziele und der Zeitplan?
- ✓ Sind die Arbeitspakete gut portioniert?
- ✓ Haben alle Projektmitarbeiter genügend Wissen, um die Arbeitspakete abarbeiten zu können?
- ✓ Was macht das Unternehmen? Gibt es Gerüchte über das Unternehmen, die indirekt das Projekt betreffen?

Überblick zur Gefühlswelt »Po«	
angenehme Gefühle	**unangenehme Gefühle**
• Bequem sitzen. • Ich fühle mich hier verbunden.	• Ich fühle mich so schwer. Jetzt bleib ich erst mal sitzen. • Heute bekomme ich nicht mehr den Hintern hoch.
Redewendungen und böse Flüche	**häufige Körperhaltung und Verhalten**
• Dem müsste man mal in den Hintern treten, damit er sich endlich bewegt. • Dem würde ich am liebsten den Hintern versohlen. • Dem mache ich Feuer unter dem Hintern, wenn er nicht … • Der hat immer so viele Hummeln im Hintern. • Der räumt mit seinem Hintern alles wieder runter, was wir gerade in Ordnung gebracht haben. • Der verhält sich wie ein Elefant im Porzellanladen.	• häufiges Hinsetzen und wieder Aufstehen, wie Hummeln im Hintern

Fuß: feste auf die Füße treten

Wenn ein Projekt feststeckt, treten sich alle gegenseitig nur noch auf die Füße. Und einige fühlen sich sogar wohl, wenn es nicht vorangeht. Doch manchmal reicht ein kleiner Schubser, um wieder in Bewegung zu kommen.

Die Frage ist nur, wie hält man in einem Projekt auf Dauer die Energie hoch? Wie erreicht man, dass durchgehalten wird? Und was braucht es, um neu durchzustarten? Gute Frage. Sehen Sie selbst.

Erstens: Durchhalten.
- ✓ Sorgen Sie als Erstes dafür, dass Ihr Projektteam auch durchhalten kann.
- ✓ Wie schaut es aus mit Überstunden und Wochenendarbeit?
- ✓ In welchem Jahrhundert arbeiten Ihre Mitarbeiter? Eher frühes Mittelalter oder können sie schon selber über ihre Zeit verfügen?
- ✓ Können sich alle, inklusive Ihrer Person, zum Arbeiten zurückziehen?
- ✓ Haben Sie ein Refugium geschaffen, wo Anrufe, E-Mails und sonstige Störungen keine Chance haben?
- ✓ Sorgen Sie für genügend kreative Auszeiten, wo jeder spinnen und entwickeln kann, was das Zeug hält?
- ✓ Ziehen Sie regelmäßig Bilanz, erkennen Sie die Erfolge und feiern Sie diese?
- ✓ Und wie schaut es mit der Selbstbelohnung aus?
- ✓ Werden Ihre Mitarbeiter bei Brot und Wasser gehalten oder gibt es auch ab und zu etwas Genussvolleres?

Eigentlich ist es ganz einfach, wenn Sie ganz persönlich gerne in diesem Projekt arbeiten und nicht selber regelmäßig flüchten, dann haben Sie eine Atmosphäre geschaffen, wo jeder gerne durchhalten will. Schließlich möchte man angenehme Orte ja nicht freiwillig verlassen.

Zweitens: Durchstarten.
Nichtsdestotrotz hängt jedes Projekt auch einmal in den Seilen und dann muss man durchstarten. Viele Projektleiter wissen es nicht besser und appellieren zunächst an das Pflichtbewusstsein ihrer Projektmitarbeiter. Anschließend üben sie Druck aus und drohen mit Sanktionen, um dann, wenn es gar nicht mehr anders geht, mit der Abmahnung winken zu können. Toll. Danach stehen sie allein da und haben die Chance verpasst, eine richtig schlagkräftige Truppe um sich zu formen. Also überlegen Sie einfach, wie Sie Ihr Team wachrütteln können und wieder zum Agieren bringen. Machen Sie Ihr Projektteam fit, damit Sie gemeinsam wieder zu Machern werden.

Erfolge beginnen im Kopf und diesen füttern wir nun mit einer würzigen Voodoo-Suppe. Denn schließlich muss Ihr gesamtes Team die Suppe auslöffeln, die Sie ihm eingebrockt haben. Viele Köche verderben zwar den Brei, aber das Nachwürzen ist erlaubt. In diesem Sinne: Laden Sie zum Hexenkessel-Workshop ein.

DER DURCHSTARTEN-WORKSHOP – DIE HEXENKESSEL-METHODE

Laden Sie Ihr Team, am besten an einem Vormittag, zu einem halbtägigen Workshop mit anschließendem Mittagessen ein. Ziel dieses Workshops ist es, dass am Ende

- eine neue Schaffenslust erzeugt wird,
- Spielwiesen aufgezeigt werden, wo sich das Team austoben kann,
- durch die Teilnehmer selbst gesetzte Anreize erzeugt werden,
- Ziellosigkeit in Tatendrang verwandelt wird,
- wieder Transparenz in den Verantwortlichkeiten und den Aufgabenpaketen geschaffen wird

und deutlich wird, dass Sie nur gemeinsam die Suppe auslöffeln können.

Zur Vorbereitung brauchen Sie ein DIN-A0-Plakat mit einem großen Hexenkessel, vergleichbar mit dem aus der Abbildung, Stifte, Moderationskarten und Nadeln.

In der Workshop-Eröffnung sollten Sie die aktuelle Situation kurz darstellen, beispielsweise dass die Teamstimmung im Keller ist, man nur noch reagiert, aber nicht mehr selbstbestimmt agiert. Sie haben nun die Wahl. Entweder Sie und das Team machen weiter wie bisher oder Sie überlegen gemeinsam, wie Sie die Situation verändern und wieder Energie tanken können. Und das Einfachste ist es, wenn Sie gemeinsam die Suppe kochen, die Sie auch zusammen auslöffeln wollen.

Stellen Sie nun die folgenden Fragen nacheinander an die Gruppe und diskutieren Sie die Antworten im Plenum. Notieren Sie anschließend die wichtigsten Ergebnisse und pinnen Sie diese an und in den Hexenkessel, sodass am Ende ein großer Eintopf entsteht. Die Fragen lauten:

- ✓ Welche Zutaten brauchen wir für unsere Suppe, damit das Projekt uns wieder schmeckt?
- ✓ Was bringt die nötige Würze, damit es besonders lecker wird?
- ✓ Was müssen wir, bevor es in die Suppe kommt, noch bearbeiten oder filieren? Brauchen wir hierzu besonderes Besteck?
- ✓ Wie groß sollten denn die Bröckchen sein, damit man sie gut schlucken kann?

Erstellen Sie ein Kochrezept. Wie in einer Großküche sollten die einzelnen Schritte auch durch unterschiedliche Personen durchgeführt und verantwortet werden.

- ✓ Was würde die Suppe ungenießbar machen und gehört daher eher in den Müll? Wie erfolgt die Entsorgung und wer macht es?
- ✓ Wie lange würde diese Voodoo-Suppe reichen?

Nach diesen Schritten wissen Sie genau, was Sie und Ihr Team tun müssen. Die notwendige Klarheit ist wieder da. Sie haben einen Aktionsplan für die nächsten Schritte. Sie wissen, was Sie blockiert hat und wie Sie es abstellen können. Und Sie sorgen für die notwendige Würze, damit das Projekt wieder Spaß macht.

Es versteht sich fast von selber, dass Sie diesen erfolgreichen Workshop mit einem besonders guten Eintopf beenden sollten. Machen Sie anschließend ein Foto von der Moderationswand inklusive des Hexenkessels und den Ergebnissen und hängen Sie dieses möglichst groß ausgeplottet im Projektbüro auf. Wenn die Aufgaben erledigt sind, lassen Sie diese von den Verantwortlichen zeitnah abhaken. Und ergänzen Sie neue Erkenntnisse einfach auf dem Poster. So bleibt es ein aktives Arbeitsposter, an dem Sie ablesen können, wann wahrscheinlich der nächste Hexenkessel benötigt wird.

Handlungsempfehlung für die Füße- und Zehen-Region

 **Schaffen Sie stets eine gemeinsame Perspektive und sorgen Sie für ein Umfeld, in dem man auch durchhalten möchte. Und wenn die Energie doch einmal im Keller sein sollte, starten Sie einfach mit der Hexenkessel-Methode durch.**

Wenn ein Projekt feststeckt, kann es viele Auslöser für diese Situation geben. Hilfreich könnte es auch noch sein, wenn Sie die folgenden Themen genauer unter die Lupe nehmen würden:

✓ Wie sind die Arbeitspakete geschnürt?
✓ Wie schauen die unterschiedlichen Abhängigkeiten zwischen den Arbeitspaketen aus?
✓ Stimmt die Reihenfolge?
✓ Sind die Verantwortlichkeiten, die unterschiedlichen Projektrollen, inklusive der Hol- und Bringschuld, sauber definiert und werden diese auch gelebt?

Überblick zu den Gefühlswelten »Beine, Füße und Zehen«

angenehme Gefühle

- Siebenmeilenstiefel tragen einen davon
- Die Füße fühlen sich nicht mehr so schwer an.
- Ich geh mit dir, wohin du willst.

unangenehme Gefühle

- Ich bin so müde, ich stolpere nur noch rum.
- Sei doch nicht so ruhelos.
- Jetzt zapple nicht so rum.
- Die Knie schlackern mir vor Angst.

Redewendungen und böse Flüche

- Den haben wir aber auf dem falschen Fuß erwischt.
- Der steckt vom Kopf bis zum Fuß im Schlamassel.
- Dem ziehe ich den Boden unter den Füßen weg.
- Der bekommt kein Bein mehr auf den Boden.
- Ich weiß, wo ihm der Schuh drückt.
- Dem schieße ich ins Knie.
- Der zahlt heute noch Fersengeld.
- Nimm endlich die Beine in die Hände und leg los.

häufige Körperhaltung und Verhalten

- häufiges Hin- und Hergehen
- allgemeine Unruhe und zappelig sein
- nervöse Anzeichen
- Knie reiben
- rumzappeln

3.5 Zusammenfassung

Der alles entscheidende Erfolgsfaktor im Projekt ist der Mensch. Nicht Richtlinien, nicht Prozesse und schon gar nicht die überall beliebten Checklisten.

In Kapitel 3.1 haben wir uns zunächst nur mit dem Menschen beschäftigt. Sie lernten dort die Arbeit des Stammhirns kennen und wie stark unser Instinkt unser Handeln beeinflusst. Der Schlüssel zu uns selber und zu den anderen aber sind die Emotionen sowie das Benutzen unserer Intuition.

Daneben konnten Sie erfahren, wie die Motivation ein Vorhaben bremsen und beschleunigen kann. Deshalb ist die zentrale Frage die Frage nach dem WARUM. Also, warum ein Mensch so handelt, wie er handelt. Wenn Sie das wissen, können Sie perfekt agieren.

Mit diesen geballten Menschenkenntnissen ging es im nächsten Unterkapitel 3.2 um das Projekt-Voodoo-Prinzip. Es besteht aus sechs Schritten und ist der Erfolgsschlüssel zu einem kooperativen und wirtschaftlicheren Projektmanagement. Die ersten drei Schritte beschäftigen sich mit der inneren Haltung des Projektleiters, die Ihnen Ihren Arbeitsalltag drastisch erleichtern kann:

1. Fokussierung
2. Respekt
3. Vertrauen

Die Schritte vier bis sechs sind Umsetzungsschritte, die ganz konkret Ihre Handlung verbessern sollen:

4. Analyse
5. Verantwortung
6. Handeln

In Kapitel 3.3 ging es um schwierige Projektsituationen. Sie lernten, wie man mittels der Projekt-Voodoo-Entscheidungsmethode schnell wieder ins Handeln kommt und wie man pragmatisch Lösungswege findet. Hierzu lernten Sie die Projekt-Voodoo-Puppen-Kriseninter-vention kennen.

Wenn es im Projekt schmerzt, ist besonders schneller Rat hilfreich. In Kapitel 3.4 haben Sie gelernt, wie Sie sich und Ihre Mitarbeiter mithilfe der Projekt-Voodoo-Puppe fragen können, wo es am meis-ten zwickt. Sie können nun nach der schmerzenden Stelle suchen, indem Sie einen Projekt-Voodoo-Workshop veranstalten, die Sprache und Körperhaltung Ihrer Kollegen beobachten, Ihre Kollegen danach fragen oder einfach Ihrer Intuition vertrauen. Piksen Sie dann die Voodoo-Nadeln in die schmerzende Region und wählen Sie aus den Lösungsansätzen der Region den für Ihr Problem passenden Lösungs-weg aus:

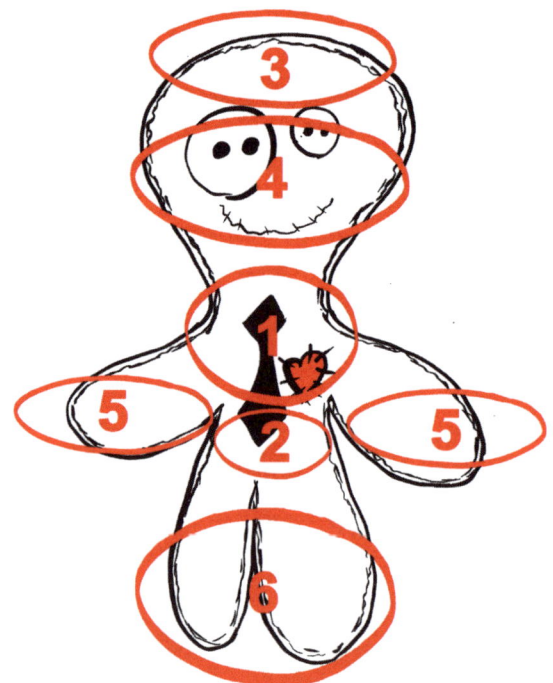

Region 1 – Herz, Brust und Hals
- Projekt-Voodoo-Puppen-Krisenintervention
- Projekt-Wiederbelebungs-Methoden der Zombies
- Management-by-Walking-around-Methode
- Projekt-Refresh-Methode

Region 2 – Bauch, Magen, Leber und Gedärme
- Bewusstseinsübung: die Voodoo-Spaziergangs-Methode

Region 3 – Kopf und Gehirn
- frische Kickmaßnahmen für neue Energie
- systemische Problemanalyse mittels Popeye-Methode

Region 4 – Augen, Nase, Ohren, Mund, Zähne und Zunge
- frische Kickmaßnahme gegen die Alltagsroutine
- Sparringspartnerschaft
- Vier-Augen-System
- Verwesungsgeruchsanalyse
- Jour-fixe- und Meetingregeln auf höchsten Niveau
- Durchsetzungskultur – handeln, jetzt und nicht morgen
- Fehlerkultur

Region 5 – Arme, Hände und Finger
- Grenzen leben
- Delegieren, aber richtig – die Delegationscheckliste

Region 6 – Po, Beine, Knie, Füße und Zehen
- Selbstreflexion mit anschließendem persönlichem Aktionsplan
- »Ich-bin-der-Voodoo-Meister«-Methode
- Durchhalte-Methoden
- Durchstarten mit der Hexenkessel-Methode

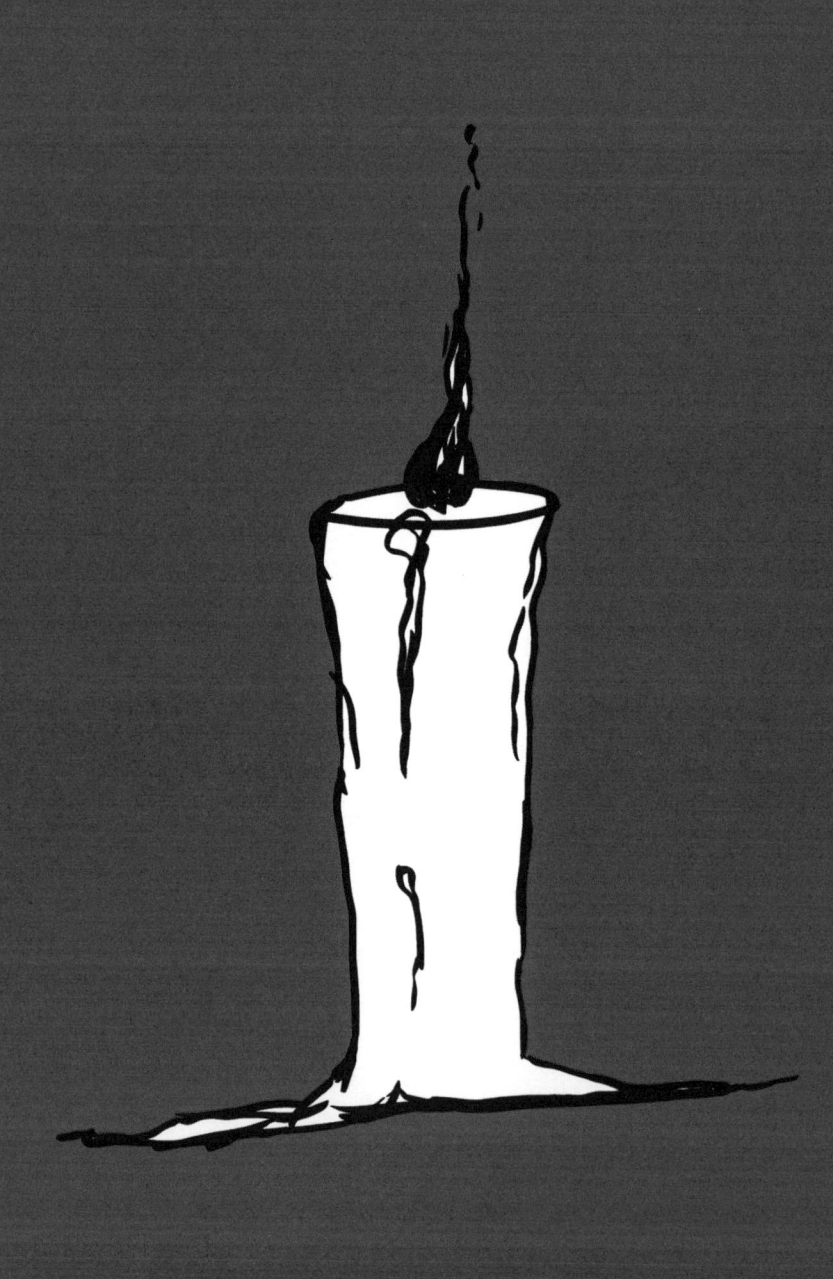

Kapitel 4

PROJEKT-RITUALE

4 Projekt-Rituale

Gut laufende Projekte sind keine Hexerei: Sie können in Zukunft zum Alltag gehören. Denn wenn von Anfang an die Weichen richtig gestellt werden, lassen sich selbst schwierige Phasen meistern. Dabei helfen einige einfache rituelle Handlungen.

Unter einem Ritual versteht man meist eine feierliche Handlung mit hoher symbolischer Kraft, beispielsweise eine Taufe, ein Richtfest oder eine Beerdigung.

Rituelle Handlungen sind dagegen feste Gewohnheiten eines Teams oder einer Gruppe, die die Zugehörigkeit stärken und die Abläufe miteinander vereinfachen.

Rituale können ein sehr heikles Thema werden, wenn diese mit wenig Fingerspitzengefühl ausgewählt und in Teambildungsworkshops missbraucht werden. So musste ich als Teilnehmer am eigenen Leib erfahren, welch manipulative und nachtragende Auswirkung schlechte Rituale haben können. Nach einer Fusion mussten sich bei einem ganztägigen Change-Workshop die Teilnehmer in später Abendstunde auf einem geschichtsträchtigen Platz öffentlich outen. Auf dem Platz waren zwei große Kerzen mit kräftigen Flammen aufgestellt. Die eine bedeutete, dass man zum alten Unternehmen steht, und die andere, dass man geistig bereits beim neuen Unternehmen angekommen ist. Nachdem wir uns alle in der Mitte des Feldes aufgestellt hatten, ging einer nach dem anderen zu derjenigen Kerze, die seiner Neigung entsprach. Die Krönung dabei war noch, dass man dabei gefilmt wurde. Glauben Sie mir, am Ende stand kein Einziger bei der Kerze, die das Alte symbolisierte. Die Nachhaltigkeit war bei diesem starken Ritual und der großen Symbolkraft garantiert. Und so geisterte dieser peinliche Vorfall noch lange in den Unternehmensmauern herum. Mit Abstand war es das Manipulativste, was ich bisher erleben musste. Eigentlich ist es vom Grundgedanken her eine gute Art, Altes hinter sich zu lassen und Neuem entgegenzugehen. Nur die Ausführung erinnerte eher an die letzte Henkersmahlzeit. Dabei hätte so manch einer gerne und vollkommen freiwillig das Alte hinter sich gelassen. Durch dieses kontraproduktive Ritual aber wurde das Alte, als gute alte Bastion der Freidenker, gedanklich gefestigt. Shit happens!

Von manipulativen Machenschaften sollte man sich als Projektleiter meilenweit entfernen, wenn man nicht eine Karriere als Despot oder Diktator anstrebt. Und das wollen sicherlich die allerwenigsten unter Ihnen. Trotz dieser Erfahrung bin ich der Überzeugung, dass rituelle Handlungen in Unternehmen und vor allem im Projektgeschäft sehr hilfreich sind. Distanzieren Sie sich von den manipulativen, symbolhaften Ritualen und suchen Sie stattdessen nach den positiven rituellen Gemeinsamkeiten Ihres Projektteams.

 **Rituelle Handlungen sind pure Kraftquellen.**

Sie können das Projektleben deutlich vereinfachen, wenn der Projektleiter genau weiß, was er tut. Ob ein Mitarbeiter einer rituellen Handlung folgt, muss stets ihm überlassen werden. Es darf auch nie durch begleitende Maßnahmen ein sekundärer Zwang ausgeübt werden, beispielsweise wenn man darüber berichtet. Jeder Mensch muss stets immer die eigene Wahl für sein Handeln haben.

Im obigen Kerzenbeispiel sieht man zudem, was passiert, wenn auf die Emotionen und nicht auf die eigentliche Reflexion des Problems gezielt wird. Denn damit umgeht man die Auseinandersetzung mit den Ängsten und der rationalen Analyse. Und besonders niederträchtig ist es, dass man im obigen Beispiel Widerstand in schlechte Gefühle und in ein schlechtes Gewissen verwandelt hat.

Am besten können Sie sich von manipulativen Handlungen distanzieren, wenn Sie dafür sorgen, dass

- stets ohne sekundäre Zwänge gearbeitet wird und jeder die freie Handlungswahl hat,
- Sie nie der Reflexion der wahren Gefühle aus dem Weg gehen,
- Sie stets offen für die rationale Problem- und Gefühlsanalyse sind,
- Sie nie ein schlechtes Gewissen oder Gefühle erzeugen und
- die Symbolkraft immer ein weit untergeordnetes Ziel hat.

Gerade durch die Symbolkraft einer Handlung kann man schnell seinen Ruf zerstören. Schauen wir uns doch einfach mal einen beliebten Badeort im Ausland an. In den meisten Fällen treffen Sie dort Sonnenliegen an, die mit einem einsamen Badehandtuch reserviert worden sind. Mit sehr großer Wahrscheinlichkeit waren es Deutsche, die die Badehandtuchmanie praktiziert haben. Genau das ist auch der erste Gedanke der anderssprachigen Urlauber: »Tja, die Deutschen müssen wieder ihr Revier kennzeichnen!« Besonders peinlich finde ich es, wenn man das Badehandtuch-Reservierungs-Verbotsschild nur in deutscher Sprache im Hotel findet. Das sagt alles.

Also treten Sie nicht mit Elefantenfüßen in die alten Fettnäpfchen. Suchen Sie sich lieber neue.

In unserem Projektalltag begegnen uns viele rituelle Handlungen, die wir früh gelernt haben und die uns *Halt, Ordnung und Sicherheit* geben. Das sind beispielsweise Grußrituale, Kaffeepausen, der gemeinsame Gang zum Mittagstisch, Freundschaftsrituale, die Eröffnung eines Meetings, die unausgesprochene, aber stets eingehaltene Sitzordnung, der wöchentliche Jour fixe oder die rituelle Integration neuer Projektmitglieder.

Bei meiner langjährigen Projekterfahrung muss ich leider erleben, dass gerade diese rituellen Handlungen immer mehr abnehmen. Die Konsequenz daraus ist, dass das Projekt beim ersten Wackeln schon auf Havarie-Kurs geht, weil es nichts gibt, was Halt bietet. Das muss nicht sein.

 **Erweitern Sie Ihre rituellen Handlungsweisen.**

Ihr Projektteam wird es Ihnen danken. Mehr und mehr werden Sie so zu einem eingespielten Team, das Unsicherheiten schnell überwinden kann. Besonders dann, wenn der Stress dem logischen Denken im Wege steht. Dann greift Ihr Team zu rituellen Handlungen und Methoden, bei denen es weiß, dass diese das Team nach vorn bringen werden.

4.1 Beschwören: Alle ziehen an einem Strang

Entscheidend für den Erfolg von Projekten ist immer der einzelne Mensch. Selbst auf Spitzenleistungen getrimmte Profis brauchen deshalb zum Projektstart – und bei jeder Veränderung – Zeit zum Einarbeiten und Kennenlernen, um Kompetenzen und Hierarchien untereinander zu klären. Doch dieses Kick-off kommt im Alltag fast immer zu kurz. Wichtig im weiteren Projektablauf ist, das Wir-Gefühl zu stärken und gemeinsam erreichte (Zwischen-)Ziele angemessen zu würdigen. Das fördert eine Teamkultur, die auf Vertrauen, Transparenz und Wertschätzung basiert.

Teamuhr: Jetzt schlägt's 13!

In den 1960ern hat der amerikanische Psychologe Bruce W. Tuckman die Teambildung und ihre gruppendynamischen Prozesse untersucht. Dabei stellte er fünf typische Teamphasen auf. Nach Tuckman muss jedes neu gebildete Team diesen Teamphasenzyklus durchleben. Aber auch bei jeder personellen Veränderung innerhalb des Teams oder bei Veränderung der Aufgabenstellung müssen diese Phasen durchlaufen werden.

Wie lang ein Team in den einzelnen Phasen verbleibt, das hängt stark vom Team selber und von der Führung ab. Dabei ist der Phasenwechsel nicht automatisiert. Ein Team schreitet erst dann in die nächste Phase, wenn es sich entsprechend der Phase entwickelt hat. Es kann sogar sein, dass manche Teams sich gar nicht entwickeln und damit nie in die nächste Stufe kommen. Diese Teams werden nie produktiv sein und zerbrechen bei den ersten Projektschwierigkeiten. Wie gut sich ein Team entwickelt, das hängt ganz entscheidend vom Projektleiter, den Teammitgliedern, aber auch von der Projektumwelt ab.

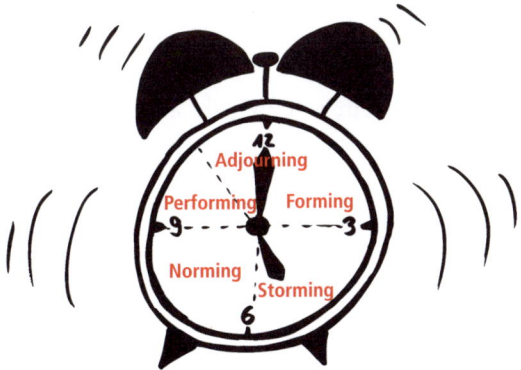

Gerade im deutschen Sprachraum spricht man gerne von der »Teamuhr«, da die einzelnen Phasen eine zeitliche Reihenfolge haben. Wie lang eine Phase dauert, das hängt vom Team selber ab und kann in der Regel nicht vorhergesagt werden. Eine Phase kann auch nicht übersprungen werden, denn auch Teammitglieder, die sich aus früheren Projekten gut kennen, haben nun eine neue gemeinsame Aufgabe und Ausgangssituation, auf die sie sich erst einmal einstimmen müssen.

Betrachten wir die fünf Phasen der Teamuhr einmal genauer:

1. Phase: Forming – Orientierungsphase

Die erste Phase nennt man auch die Test- oder Formierungsphase. In der Regel sieht sich das neue Team das erste Mal beim Projekt-Kick-off. Man lernt sich kennen, gibt sich höflich, ist gespannt auf das, was kommen wird. Dabei agieren die Teammitglieder relativ vorsichtig und sind darauf bedacht, dass kein anderer in ihre Karten schaut. Man orientiert sich an den anderen, ein Vertrauensverhältnis baut sich hier jedoch noch nicht auf. In der Orientierungsphase geht es darum, den Sinn und Zweck der Veranstaltung, des Projekts und der Aufgabenstellungen zu verstehen.

2. Phase: Storming – Konfrontationsphase

In der zweiten Phase geht es in die Konfliktphase. Diese Phase besticht durch den Ich-Bezug. Machtkämpfe um Rang, Prestige, Rollen, Grenzen und Zuständigkeiten sind an der Tagesordnung. Manche nennen diese Phase auch die »Nahkampfphase«. Hier muss der Projektleiter besonders darauf achten, dass er seinen Führungsanspruch nicht verliert. Manch einer wird hier die Grenzen ausloten wollen.

3. Phase: Norming – Organisationsphase

In der dritten Phase kehrt endlich Ruhe in das Team ein. Es organisiert sich und das neue Wir-Gefühl hilft beim Aufstellen der notwendigen Spielregeln. Hier wird die künftige Zusammenarbeit und Teamkultur entwickelt und besiegelt. Konflikte werden gelöst und die Kommunikation ist durch einen allgemeinen Konsens geprägt. Diese Kooperationsphase schafft einen soliden Grundstock für echte produktive Arbeit.

4. Phase: Performing – Produktivitätsphase

Die vierte Phase ist die produktivste. Das Team ist zufrieden und stolz, und das Wir-Gefühl beflügelt zu großen Leistungen. Dabei besticht das Team durch einen hohen Grad an Flexibilität und Power. In der Regel findet in dieser Arbeitsphase auch das Bergfest statt. Das ist die schönste Phase für den Projektleiter, da er relativ wenig Energie für die Projektsteuerung benötigt.

5. Phase: Adjourning – Auflösungsphase

Die fünfte Phase beschreibt die Auflösungsphase. Diese kann durch das reguläre Projektende, einen Projektabbruch oder den Austausch von Schlüsselpersonen bestimmt werden. Bei all diesen Ereignissen gilt es, Bilanz zu ziehen, das Erlebte zu verarbeiten und wichtige Arbeitsergebnisse zu sichern. Hier bietet sich ein Lessons-Learned-Workshop an. Nehmen Sie aktiv Abschied und gehen Sie in die neue Zukunft.

Diese fünf Teamphasen zeigen, dass sich die Projektleitung nicht nur auf den einzelnen Projektmitarbeiter konzentrieren darf, sondern dass gruppendynamische Prozesse mit eingeschlossen werden müssen. Nur so kann der Projektleiter optimal auf die anstehende Situation reagieren.

Schauen Sie doch mal, in welcher Teamentwicklungsphase sich Ihr Team gerade befindet: Was können Sie wie verändern, damit das Team in die Produktivitätsphase kommt?

Diesen Teamzyklus kann man durch die aktive Gestaltung der wichtigsten Teamworkshops unterstützen. Beginnen Sie in der Orientierungsphase mit dem Projekt-Start-Workshop, auch Kick-off genannt (mehr dazu weiter unten).

Wenn es in der Konfrontationsphase haarig wird, dann veranstalten Sie einen Projekt-Voodoo-Workshop zur Konfliktlösung, wie er in Kapitel 2.3 beschrieben wird.

In der Kooperationsphase sind Workshops, die die gemeinsamen Stärken und Spielregeln definieren, beispielsweise der Popeye-Workshop oder die Hexenkessel-Methode aus Kapitel 3.4, hilfreich.

Würdigen und feiern Sie jedes erreichte Zwischenziel (wie später in diesem Kapitel beschrieben). In der Regel sind Sie da bereits mit dem Projektteam in der Produktivitätsphase. Wenn Sie etwa die Mitte der Projektlaufzeit geschafft haben, würdigen Sie die Zusammenarbeit mit dem Bergfest. Spätestens jetzt ist es Zeit, das erste Mal Bilanz zu ziehen. Weiter unten gehe ich noch genauer auf das Bergfest ein.

Wenn Sie das Projektziel erreicht haben, befinden Sie sich in der Auflösungsphase. Meistens wird das Projektteam dann reduziert, um die Restarbeiten zu erledigen, oder es wird ganz aufgelöst. Sichern Sie nun die gemachten Erfahrungen, indem Sie einen Lessons-Learned-Workshop durchführen.

Kick-off: Zeit zum Anpfiff

Der Kick-off bildet den Grundstock für die gesamte weitere Zusammenarbeit und alle weiteren Meetings. Hüten Sie sich vor gut gemeinten Motivationsritualen. Glauben Sie mir, sie verfehlen in der Regel ihr Ziel, und dann haben Sie den Salat.

Im Vordergrund des Kick-offs steht das Kennenlernen, die Transparenz des Projektziels, die Verteilung der Verantwortlichkeiten und der

Aufgaben. Die Zuständigkeiten müssen hier glasklar auf den Tisch kommen. Sprechen Sie auch die Vertretungen und die Hol- und Bringschuld eines jeden Einzelnen an. Je früher Sie Klarheit schaffen, desto schneller vertraut man Ihnen und zollt Ihnen den notwendigen Respekt.

Eine zentrale Aufgabe im Workshop sollte es auch sein, eine vertrauensvolle Arbeitsatmosphäre zu schaffen und die Begeisterung für das Projekt zu fördern.

Für eine Kick-off-Veranstaltung sollten Sie das gesamte Team zu einem Ein-Tages-Workshop einladen, egal, wie weit Ihr Team örtlich verteilt ist. Bringen Sie es zumindest beim Start-Workshop physisch zusammen.

INHALTE DES KICK-OFF-WORKSHOPS:

- Begrüßung durch den Projektleiter
- Vorstellung der im Vorfeld verteilten und abgestimmten Agenda
- Kurzvorstellung des Projekts durch den Projektauftraggeber und die wichtigsten Stakeholder
- Vorstellungsrunde, bei der sich alle Teilnehmer selbst vorstellen und dabei kurz auf ihren beruflichen und persönlichen Projekthintergrund und die Erwartungshaltung eingehen
- detaillierte Vorstellung des Projekts durch den Projektleiter
- Historie und bereits vorhandene Ergebnisse aus der Projektvorphase
- strategische Gründe und Nutzen für das Unternehmen
- unternehmerische Rahmenbedingungen
- Ziele und Nichtziele des Projekts
- Erfolgskriterien
- Risiken und unternehmerische Kritikalität
- Projektorganisation
- Verantwortlichkeiten und ihre Vertreter
- Rollen und ihre Hol- und Bringschuld

- Aufgabenverteilung
- Grobplanung
- Projektphasen, Projektstart und -ende
- Termine und Meilensteine
- Kommunikationsstrukturen, Jour fixe und Meetings
- Regeln für die Zusammenarbeit
- Kommunikationsregeln (am besten gemeinsam erarbeiten)
- Meetingregeln (Agenda, Zeitnehmer, Protokoll, dynamische Teilnehmerliste)
- Controlling und Statusberichte
- Projektablage
- Projektstimmungsbild abfragen (Gerüchte, Wünsche, Befürchtungen)
- Erarbeitung im Team: Was braucht es noch für einen
  guten Projektstart?
- nächste Schritte (Aufgaben, Zuständigkeiten und Termine)
- konkrete Vereinbarungen
- Feedbackrunde

 **Nehmen Sie sich genügend Zeit für die Vorbereitung, dann wird der Kick-off definitiv erfolgreich und zahlt sich für die weiteren Projektschritte aus.**

Bergfest: gegen den Durchhänger in der Mitte

Genießen Sie Zwischenerfolge und belohnen Sie sich und Ihr Team für deren Erreichung. Diese kleinen Erfolge sind wahre Projektschätze und ein Glücksguthaben für schwierige Zeiten.

Wünschen Sie sich nicht auch bei einer erfolgreichen Zielerreichung eine Würdigung? Egal, wie klein die Ziele sind, würdigen Sie sie und freuen Sie sich mit Ihrem Team, dem großen Gesamtziel wieder einen Schritt näher zu sein.

Aber glauben Sie nicht, dass Sie die vielen kleinen Erfolge einfach sammeln können. Das macht doch schon oft die Unternehmensleitung, wenn sie auf der Weihnachtsfeier die erreichten Ziele als Retrospektive aufzählt. Manchmal hört es sich fast wie die Staumeldung vor den großen Sommerferien an. »Und jetzt die Erfolge ab zehn Kilometer«, heißt es dann. Und wir rutschen immer tiefer in unsere Stühle und hoffen, dass es bald vorbei ist. Eine Würdigung und ein respektvoller Umgang mit der erbrachten Leistung ist das auf jeden Fall nicht.

Aber was heißt »würdigen« überhaupt? Das ist eine spannende Frage, auf die es sicherlich viele Antworten gibt. Jeder hat da ein ganz anderes Grundbedürfnis. Dem einen reicht ein anerkennendes Nicken der Führungskraft, der andere hätte schon gerne die große Feier.

 **Fragen Sie einfach beim nächsten Jour fixe Ihre Teammitglieder, was sie sich unter dem Würdigen und dem Feiern der erreichten Ziele vorstellen.**

Wenn Sie hier gut aufpassen, dann müsste es ein Leichtes sein, zukünftig die richtige Art der Würdigung für die einzelnen Teammitglieder zu wählen.

VOODOO-BERGFEST-WORKSHOP

Das Voodoo-Bergfest sollte genau in der Mitte der Projektlaufzeit stattfinden. Denn dann haben in der Regel die meisten Teams einen Durchhänger. Der Enthusiasmus vom Anfang ist abgeflaut und die Euphorie zum Projektende ist noch lange nicht in Sicht. Gerade die mittlere Projektphase verläuft häufig zäh, die Fortschritte geraten ins Stocken und die Energie geht langsam zur Neige. Deshalb müssen Sie mit Ihrem Team jetzt auftanken gehen. Gönnen Sie sich die Pause und den Fokus auf die zweite Hälfte.

Laden Sie hierzu zu einem Workshop mit folgenden Schwerpunkten ein:

- Zelebrieren Sie die Erfolge und die erreichten Ziele.
- Schauen Sie genauer hin, was bisher das Teamerfolgsrezept war.
- Stellen Sie das ganz große Ziel noch einmal dar, mit all seinen Quereffekten für das Unternehmen und das Team.
- Erarbeiten Sie gemeinsam, was das Team jetzt braucht, um das Ziel mit Leichtigkeit zu erreichen.

Durch diesen Workshop können Sie und Ihr Team aktiv Bilanz ziehen und gestärkt in die nächste Hälfte des Projekts schreiten. Beenden Sie das Bergfest mit einer gemeinsamen schönen Aktivität. Auch hier ist jedes Team anders, die einen mögen gutes Essen, während die anderen ein Kicker-Turnier und Dosenbier bevorzugen. Legen Sie einfach die Scheu ab und fragen Sie Ihr Team. Dann kommt auch dieser Teil des Bergfestes bestimmt gut an.

Projekt-Voodoo-Tipp

Führung im Projekt heißt nicht nur, sich individuell auf jeden Mitarbeiter einzulassen, sondern auch gruppendynamische Prozesse situationsabhängig zu berücksichtigen. Orientieren Sie sich dabei einfach an den Teamphasen. Überprüfen Sie regelmäßig, in welcher Phase Sie gerade stecken, um aktiv die nächste anzusteuern.

Würdigen Sie die Erfolge, und zwar dann, wenn sie gerade stattgefunden haben. Machen Sie daraus eine rituelle Handlung, also eine schöne Teamgewohnheit, damit Sie anschließend die nächsten Ziele fest im Blick haben.

4.2 Visualisieren: der blinde Fleck der Hellseher

Viele Kollegen wissen viel. Noch mehr Kollegen wissen noch viel mehr. Bei all dem Geschwätz stellt sich nur die Frage, wer noch den Durchblick hat. Manchmal ist es in einem Meeting leichter, einen Sack Flöhe zu hüten, als mit einer Gruppe Hellseher Probleme zu analysieren.

Dabei könnte man sich von Anfang an das Projektleben so einfach machen, wenn man frühzeitig mit dem Team Visualisierungstechniken lernen würde. Machen Sie es sich zur Gewohnheit, dass Sie die Erklärung von Abläufen und Zusammenhängen sowie die Problemlösung visualisieren. Meine Erfahrung zeigt allerdings, dass mancher Hobbyfußballer eher die Spieltaktik für das nächste Samstagsspiel auf einem Flipchart skizzieren könnte als seine eigenen Projektabläufe.

Ergreifen Sie hier die Initiative und befähigen Sie Ihre Mitarbeiter. Der Nutzen von Visualisierungen ist extrem hoch, der Preis dagegen verschwindend gering. Durch Visualisierungen bekommen Sie die Transparenz, die jeder im Projektteam ständig fordert. Sie können komplexe Zusammenhänge und deren kausale Beziehungen, Unterschiede oder Gemeinsamkeiten begreifbar machen.

Dabei liegt es auf der Hand, dass ein Bild mehr sagt als tausend Worte. Ein altes chinesisches Sprichwort besagt:

> »What I hear, I forget;
> What I see, I remember;
> What I do, I understand.«

Durch Missachtung dieser einfachen Verhaltensregeln werden jährlich Unsummen an Budget verbrannt, da Missverständnisse oft erst in der Realisierungsphase sichtbar werden. Oftmals werden Anforderungsdokumente erstellt, die unverständlich geschrieben sind und keine klarstellenden Flussdiagramme und Prozessbilder beinhalten. Zur Krönung werden Anforderungsdokumente oft nur übergeben, ohne dass über den Inhalt je im Detail gesprochen wurde. Meistens erfolgt noch nicht einmal eine Überprüfung, was derjenige, der das Anforderungsdokument umsetzen soll, überhaupt verstanden hat. Da kann ich nur sagen: Selber schuld, wenn man hier nicht aus Eigeninteresse für mehr Klarheit gesorgt hat. Schließlich ist eins sicher: Spätestens bei der Umsetzung kommt der Erkenntnisgewinn, positiv wie negativ.

Rahmenbedingungen: für das visuelle Anbeißen

Das Erstellen von Visualisierungen soll zur Gewohnheit werden. Dabei darf eine vorherrschende Scheu, sich zu präsentieren, nicht das Ergebnis beeinflussen. Deshalb sind die folgenden Rahmenbedingungen bei der Visualisierung nützlich:

- Visualisierungen werden für den Betrachter erstellt.
- Sie müssen keinen Schönheitspreis gewinnen.
- Beim Live-Visualisieren arbeiten Sie in einer rechtschreibfreien Zone.
- Die Wortwahl sollte neutral und prosafrei sein.
- Die Detailtiefe muss so gewählt werden, dass alle Betrachter das gleiche Verständnis und die gleiche Wissenstiefe haben. Das ist die Ebene, bei der alle Beteiligten ein gemeinsames Wissensverständnis haben.
- Die Visualisierung soll Entscheidungs- und Lösungsfindungsprozesse beschleunigen. Deshalb ist die Vollständigkeit vonnöten, die für das Verständnis gebraucht wird, und nicht mehr.
- Ziehen Sie einen stringenten roten Faden durch Ihre Visualisierung.
- Benutzen Sie eine zuvor abgestimmte gemeinsame Symbolsprache.

- Arbeiten Sie nach dem *KISS-Prinzip: Keep it simple and stupid.*
  Das bedeutet: so einfach wie möglich, die Komplexität gnadenlos minimieren, weglassen, was geht, und ablenkendes Beiwerk vermeiden.

Symbolsprache

Entwickeln Sie eine gemeinsame Symbolsprache. Folgende Symbole könnten dabei hilfreich sein:

Symbol	Bedeutung	Symbol	Bedeutung
✓	ok	?	unklar
–	minimieren	@	Wer?
+	ergänzen	☠	Super-GAU
💣	kritisch	☺	gut
😐	neutral	☹	schlecht

Stiftfarbe

Definieren Sie auch die Stiftfarben.

Symbol	Bedeutung	Symbol	Bedeutung
rot	kritisch	grün	positiv
blau	unklar	schwarz	neutral

Hilfsmittel

Neben einem Blatt Papier und Stiften können sich auch die folgenden Dinge als nützlich erweisen: Flipchart, Whiteboard, Metaplanwand, farbige Post-it-Klebezettel, farbige Moderationskarten, farbige Klebepunkte, Stifte in den Farben rot, grün, blau und schwarz, (Handy-) Kamera. Wenn die Zweidimensionalität nicht mehr ausreicht, dann sind auch Gegenstände sehr nützlich. Da man oftmals auf diese nicht schreiben kann oder will, kann man sie einfach mit Klebezetteln versehen.

Vorgehensweise: gegen das Fischen im Trüben

Vorbereitung

Bevor Sie anfangen, überlegen Sie kurz, welche Hilfsmittel notwendig sind. Fragen Sie im Vorfeld den Wissensstand ab. Dadurch starten Sie Ihre Visualisierung mit dem gleichen Verständnis und der richtigen Detailtiefe.

Durchführung

Skizzieren Sie Ihre Thematik auf ein Medium Ihrer Wahl und erklären Sie währenddessen jeden Schritt.

Klärung und Konsens

Klären Sie durch Verständnisfragen, ob der andere Ihre Skizze und damit Ihre Thematik verstanden hat. Versuchen Sie so früh wie möglich, einen Konsens zu erzeugen.

Entscheidung

Erstellen Sie erst ein gesamtes Bild Ihrer Thematik, bevor die Anwesenden eine Entscheidung treffen können oder die Diskussion eröffnet wird.

Handling

Betrachten Sie Ihre Visualisierung nicht als Ihr Eigentum, sondern lassen Sie andere an Ihrer Visualisierung weiterarbeiten, Dinge ergänzen oder neu gestalten.

Ideenspeicher

Sollten Dinge zur Sprache kommen, die aktuell nicht zum Thema beitragen, dann skizzieren oder notieren Sie diese auf einem separaten Ideenspeicher. So bleiben Ihre Köpfe frei für die im Moment wichtigen Themen.

Fragetechnik: Warum? Warum? Warum? ...

Die wichtigste Frage beim Visualisieren ist die Frage nach dem WARUM. Um wirklich zum Kern der Problematik vorzudringen und die Hintergründe zu verstehen, ist es notwendig, diese Frage öfter hintereinander zu stellen. So lang, bis Sie zum Kern des Problems vorgedrungen sind. So können Sie die unterschiedlichen Beweggründe gedanklich verketten und stoßen automatisch immer mehr in die Tiefe der Thematik.

Techniken: Fischgräten zum Glück

Ein paar Visualisierungstechniken haben Sie bereits kennengelernt, beispielsweise die Projekt-Voodoo-Puppe aus Kapitel 3.4, die als Krisenintervention schnell Klarheit in die Problematik bringt. Oder die Popeye-Methode von Kapitel 3.4, die schnell die Stärken und die Schwachstellen eines Prozesses aufdeckt.

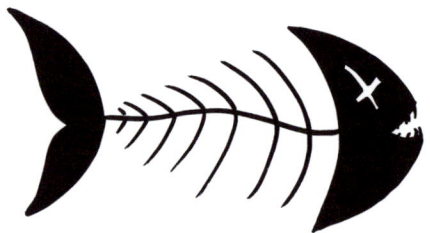

Nun möchte ich Ihnen gerne noch eine weitere Methode vorstellen, die von Ishikawa Kaoru entwickelt wurde. Diese Methode stellt besonders einfach und übersichtlich die Zusammenhänge zwischen Ursache und Wirkung dar. Sie ist als *Fischgräten-Diagramm*, als Ursache-Wirkungs-Diagramm oder als *Ishikawa-Diagramm* bekannt.

FISCHGRÄTEN-DIAGRAMM

Das Fischgräten-Diagramm eignet sich besonders, um seine blinden Flecke zu bearbeiten. Damit können Sie ganz einfach tiefer und tiefer im Problem graben. Durch die Visualisierung bekommen Sie zum einen einen Überblick über die Zusammenhänge und zum anderen können Sie erkennen, wo Sie noch Hintergrundwissen benötigen.

Hilfreich ist es, wenn Sie im Anschluss an die Erstellung des Fischgräten-Diagramms die Erkenntnisse noch gewichten.

Anleitung

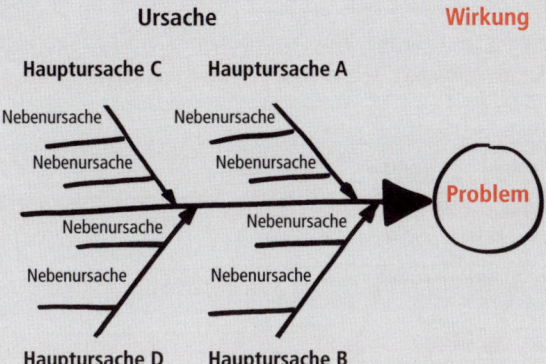

Malen Sie zunächst einen Kreis, der für den *Kopf* steht. In diesen schreiben Sie Ihr Problem.

Dann verlängern Sie den Kreis mit einer waagerechten Linie, dem *Rückgrat*.

Quer zum Rückgrat zeichnen Sie nun wieder Linien. Das sind die *Rippen* des Fisches. Diese stehen für die Hauptursachen und Haupteinflussgrößen, also Dinge, die das Problem hauptsächlich beeinflusst haben. Hierbei sind Fragen wie »Warum ist es zum Problem gekommen?« oder »Was ist der Grund dafür?« besonders hilfreich. Sie brauchen so viele Rippen, wie Ihnen Hauptursachen einfallen.

An die Rippen kommen nun, als waagerechte Linien, die *Gräten*. Diese beinhalten die nächste Ebene der Ursache, also die *Nebenursachen*. Auch hier benötigen Sie so viele Linien, wie Ihnen Nebenursachen einfallen.

Sammeln Sie als Erstes die Rippen, also die Hauptursachen, bevor Sie zu den Gräten gehen.

Schauen wir uns einfach mal ein Beispiel an. Ein Projektteam hat das Problem, dass jeder Jour fixe überzogen wird.

Bei der Erarbeitung des Ursachen-Wirkungsdiagramms ergeben sich fünf Hauptrubriken: Moderation, Agenda, Zeitnehmer, Protokoll und Teilnehmer.

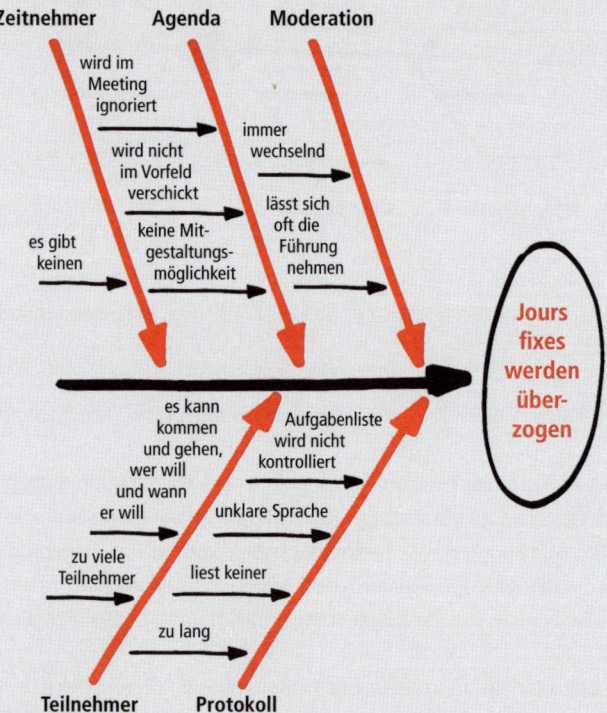

Wie das Diagramm zeigt, konnte man zu den Hauptursachen eine unterschiedliche Anzahl an Nebenursachen finden. Zusammenfassend kann man sagen, dass das Projektteam auf viele Schwachstellen in seiner Meetingkultur gekommen ist. Somit eröffnet das Fischgräten-Diagramm eine Fülle an potenziellen Stellschrauben, um das Problem zu beseitigen. Der nächste Schritt wäre nun die Priorisierung der Stellschrauben.

Um auf mehr Lösungsansätze zu kommen, habe ich einen ganz besonderen Tipp für Sie:

Lassen Sie das Diagramm einmal für einen Tag ruhen und bearbeiten Sie es beispielsweise beim nächsten Treffen. Sie werden sehen, das Diagramm wächst weiter.

Projekt-Voodoo-Tipp

Visualisieren Sie auf Teufel komm raus und machen Sie dies zusammen mit Ihrem Team zur Gewohnheit. Es wird Sie bereichern und unnütze Diskussionen minimieren. Um blinde Flecken zu minimieren, ist das Fischgräten-Diagramm die erste Wahl. So kommen Sie besonders schnell aus der Projektstarre wieder ins Handeln.

4.3 Heilen: Vorbeugen ist besser

Projektkrisen sind Alltag und scheinen oft unvermeidlich. Doch sie werden nur dann gefährlich, wenn man nicht mit ihnen rechnet und Probleme eskalieren lässt. Besser also, man hat den Ernstfall frühzeitig durchgespielt und wunde Punkte erkannt. Dann heißt es, den Notfallplan zu zücken oder weitere Experten hinzuzuziehen. Und natürlich helfen dabei die Instrumente des Projekt-Voodoo.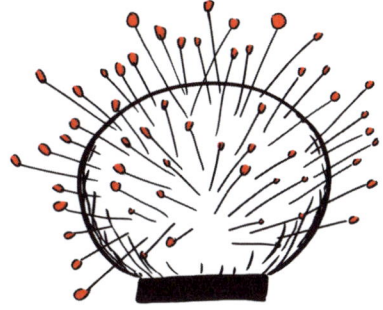

Wenn ich als Projektcoach ein havariertes Projekt übernehme, dann frage ich meistens: »Und wie schaut nun Ihr Notfallplan aus?« Die Antwort fällt in der Regel sehr ernüchternd aus: »Welcher Notfallplan?«

Die wenigsten Projekte beschäftigen sich mit ihren Risiken und mit einem Frühwarnsystem. Ein Notfallplan liegt auch meistens nicht in einer geheimen Schatulle. Und ob sie eine Feuerwehrübung bisher durchgeführt haben, brauche ich in der Regel erst gar nicht zu fragen. Schlecht! Schlecht! Schlecht! Vor allem dann, wenn man bedenkt, dass neun von zehn Projekten in ihrem Projektzyklus mindestens einmal in ernsthafte Schwierigkeiten geraten. Der Einwand, der dann meistens kommt, ist, dass man das Projektteam nicht verunsichern will, oder dass eine Risikobetrachtung die Projektstimmung vermiest. Ist ja auch klar, wenn einem erst dann bewusst wird, wie das Projekt auf Messers Schneide entlangschlittert. Dann verschließe ich auch lieber die Augen und hoffe, dass alles gut geht.

Vorweg: Die Auseinandersetzung mit den Risiken sensibilisiert und macht hellhörig. In der Regel erkennen sensibilisierte Projektteams viel früher ein herannahendes Gewitter als andere. Und diese Teams können dann noch rechtzeitig reagieren, im Gegensatz zu denen, die erst mit der Überschwemmung überrascht werden und dann absaufen.

Risikobetrachtung: das Kleingedruckte

Wenn Sie jetzt bei »Risiken« an Naturkatastrophen oder terroristische Anschläge denken, muss ich Sie kurz auf den Boden der Tatsachen zurückholen. Klar, solche Katastrophen können gravierende Auswirkungen haben, aber ihre Eintrittswahrscheinlichkeit ist in unseren Projekten doch glücklicherweise sehr gering. Es sei denn, Sie sind Projektleiter bei der UN, beim Militär oder in Regierungsprojekten.

Bei der Projekt-Risikobetrachtung geht es eher um Dinge des alltäglichen Lebens und das »Kleingedruckte« im Projektgeschäft, wie beispielsweise Menschen, Maschinen, Abhängigkeiten, Lieferketten,

Komplexität und Sicherheitsaspekte. Dass eine solche Betrachtung auch noch Spaß machen kann, zeigt der nächste Workshop.

SCHIFFE-VERSENKEN-WORKSHOP

Laden Sie Ihr Projektteam zu einem doch eher ungewöhnlichen Workshop ein. Eine gute Gelegenheit für die Risikobetrachtung bietet sich auch direkt beim Kickoff. Da diese Art von Risikobetrachtung auch viel Spaß bringt und alle Beteiligten einlädt, mal so richtig die »Sau« rauszulassen, haben Sie die Möglichkeit, Ihre Teammitglieder genauer kennenzulernen. Das Gleiche gilt natürlich auch für jedes einzelne Teammitglied.

Im ersten Teil des Workshops ist es das Ziel, das Projekt zu entern, Beute zu machen und das Projektschiff zu versenken. Und zwar so effektiv wie möglich.

Sorgen Sie mit provokativen Fragen zunächst für einen Wechsel der Blickrichtung. Lassen Sie die Teilnehmer in Kleingruppen innerhalb von 45 Minuten folgende fünf Fragen beantworten:

- ✓ Wie bringen Sie das Unternehmen in die Schlagzeilen?
- ✓ Wodurch werden Meuterer, Saboteure, Diebe, Eindringlinge und Zerstörer Ihre besten Freunde?
- ✓ Wie können Sie bei Ihrer Konkurrenz ein Freudenfest auslösen?
- ✓ Was können Sie tun, damit das Unternehmen horrende Regressforderungen zahlen muss?
- ✓ Wie könnte man das Eintreten der ersten vier Fragen raketenmäßig beschleunigen?

Die zentrale Frage hinter diesen Fragen ist: Was muss getan werden, damit das Projekt definitiv nicht erfolgreich beendet wird?

Dabei werden unterschiedliche Perspektiven wahrgenommen, einmal nach innen, als Meuterer und Saboteur, und einmal nach außen, also welche Ereignisse von außen das Projekt bedrohen können. Während der Ausarbeitung fordern Sie die Gruppen dazu auf, so viel kriminelle Energie freizulassen wie eben möglich. Alles ist erlaubt, nichts ist zu verrückt.

Nachdem die Fragen ausgearbeitet wurden, lassen Sie bei jeder Antwort noch die *Eintrittswahrscheinlichkeit* und die *Zerstörungskraft* definieren. Bei beiden benutzen Sie eine Skala von eins bis fünf. Die Fünf steht für extrem hoch beziehungsweise verheerend, während die Eins für äußerst gering und unbedeutend steht. Nachdem die beiden Wahrscheinlichkeiten ergänzt wurden, stellt jede Gruppe im Plenum ihre Ergebnisse dar. Übertragen Sie diese in eine gemeinsame *Risikomatrix*, ähnlich der nachfolgenden Abbildung.

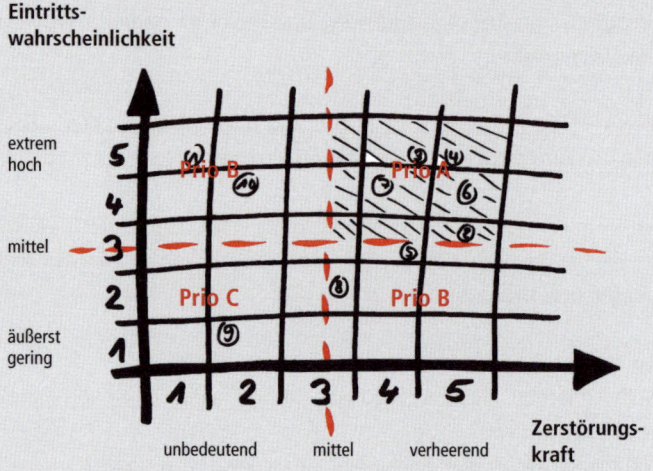

In der Risikomatrix haben Sie auf einen Blick alle Risiken, deren Eintrittswahrscheinlichkeiten und deren Zerstörungskraft. In dem Quadranten rechts oben finden Sie die Risiken, die mit Priorität A behandelt werden müssen. Sie würden einen großen Schaden anrichten und ihre Eintrittswahrscheinlichkeit ist relativ hoch. Jeweils links neben A und unter A befinden sich die Quadranten mit der Priorität B. Entweder treten die Krisen dieser Quadranten mit einer hohen Wahrscheinlichkeit ein oder sie richten, wenn sie eintreten, einen großen Schaden an. Krisen, die eine geringe Eintrittswahrscheinlichkeit haben und einen geringen Schaden anrichten, sollten mit der Priorität C betrachtet werden. In der Regel erhält diese nur eine geringe Aufmerksamkeit.

Die Beantwortung der ungewöhnlichen Fragen macht nicht nur Spaß, die Teilnehmer werden vor allem sensibilisiert für die *Ursache und Wirkung* von Risiken. Durch die humoristische Herangehensweise gestehen sich die Teilnehmer schneller ein, mit ihrem eigenen Verhalten womöglich bereits einen Grundstein für eine Schlagzeile in der Presse gelegt zu haben.

Es ist leider nicht damit getan, einmalig eine Risikomatrix zu erstellen. Aktualisieren Sie diese in regelmäßigen Abständen.

 **Werfen Sie etwa alle vier Wochen im Jour fixe gemeinsam mit Ihrem Team einen Blick auf die Risikomatrix und aktualisieren Sie diese bei Bedarf.**

Damit die Aktion nicht nur etwas für die Schublade ist, muss daraus nun ein Frühwarnsystem erstellt werden.

Frühwarnsystem: die sensibilisierenden Erkenntnisse

Ein Frühwarnsystem ist ein einfacher Weg, schnell auf potenzielle Probleme aufmerksam zu werden. Das ist besonders wichtig, wenn der Kopf mit anderen Projektthemen in Beschlag genommen wird. Außerdem reicht oft das alleinige Erarbeiten eines Frühwarnsystems, um die Kollegen tiefergehend zu sensibilisieren. Der Quereffekt ist dann, dass das Frühwarnsystem fast ohne Monitoring auskommt, weil alle Projektmitarbeiter bereits Augen und Ohren offen halten.

Um nun von einer Risikobetrachtung (wie oben mithilfe der Matrix) zum Frühwarnsystem zu kommen, ergänzen Sie die Fragen aus dem vorherigen Workshop. Nehmen Sie die dort erarbeiteten Risiken und fragen Sie in die Runde:

- ✓ Welche Ereignisse müssen passieren, damit das Risiko eintritt?
- ✓ Wie bekommen wir mit, dass das Ereignis kurz bevorsteht?
- ✓ Gibt es potenzielle Stolpersteine?
- ✓ Welche Risiken sind untereinander abhängig und verursachen eine Lawine?

Nun müssen Sie nur noch für jedes Risiko die Ereignisse auflisten und diese unter die Lupe nehmen. Die Risiken mit der Priorität A sollten Sie dabei besonders im Auge behalten.

Notfallplan: erst löschen, dann beruhigen

Im nächsten Schritt sollten Sie einen Notfallplan für die Risiken mit der Priorität A und B erstellen. Auch hier ist es wieder sinnvoll, diesen Plan im Team zu erarbeiten. Stellen Sie deshalb die folgenden Fragen in die Runde:

- ✓ Wer?
- ✓ Tut was?
- ✓ Mit wem?
- ✓ Bis wann?
- ✓ Was wird benötigt?
- ✓ Von wem wird Unterstützung benötigt?
- ✓ Wer kontrolliert das Ergebnis?
- ✓ Wer gibt Rückmeldung, dass die Aufgabe erfolgreich erledigt ist?

Daraus erarbeiten Sie pro Risiko einen *Notfall-Aktionsplan*.

Feuerwehrübung: Hurra, hurra, das Projekt brennt!

Und was tun Sie, wenn der Super-GAU eintritt? Abwarten und Tee trinken, oder doch lieber verstecken? Nein, hoffentlich nichts dergleichen.

Genau deshalb sollten Sie den Ernstfall für die Risiken mit der Priorität A üben. Am besten ist es, wenn das vollkommen unvorhersehbar geschieht und nur ganz enge Vertraute in das Vorhaben eingeweiht sind. Diese Aktion kann man übrigens auch sehr gut mit einer anschließenden Projektparty kombinieren. Dann wird der Stresslevel besonders schnell abgebaut. Die gemachte Erfahrung kann gemeinsam gewürdigt und verarbeitet werden.

Projekt-Voodoo-Tipp

Warum scheitern Projektteams? Nach meiner Beobachtung liegt das am fehlenden Vertrauen, an unterschwelligen und offenen Konflikten und an der fehlenden Teamkultur.

Gegen alle drei Punkte ist ein Voodoo-Kraut gewachsen, wie ich Ihnen oben erklärt habe.

Es gibt aber noch einen einfachen Scheiterungsgrund: die rote Ampel.

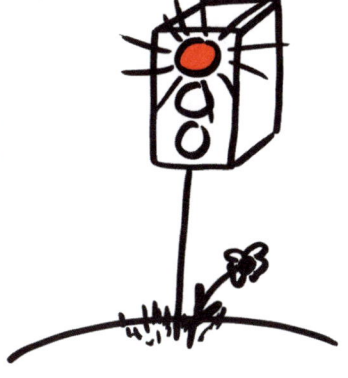

Leider erlebe ich sehr oft, dass dieses banale Werkzeug nicht richtig bedient wird. Die einen wissen nicht, wann sie bei einem Problem auf die rote Ampel umschalten sollen, die anderen haben schlichtweg Angst, die Ampel auf Rot zu stellen. Und wieder andere wollen aus persönlichem Ehrgeiz nie eine rote Ampel in ihrem Projektteam haben.

Tun Sie sich einfach einen Gefallen und definieren Sie die Ampelphasen gleich im Projekt-Kick-off, damit Sie nicht über ein so primitives Tool stolpern.

Wie Sie sicherlich bereits gemerkt haben, ist Risikomanagement keine einmalige Aktion. Das Einfachste ist es, wenn Sie die Frage nach den Risiken zu Ihrem rituellen Repertoire zählen. Machen Sie diese zur rituellen Handlung und stellen Sie sie regelmäßig im Jour fixe. Dabei gibt es ein einfaches Gesetz:

 **Wer nicht fragt und vorsorgt, muss sich halt überraschen lassen!**

4.4 Hexen: mit Querdenken und Inspiration zum Ziel

Wenn das Projekt gut vorbereitet ist, die richtigen Experten an Bord sind, Zeit und Budget realistisch geplant sind und ein Notfallplan erarbeitet ist, steht einem erfolgreichen Projektablauf nichts mehr im Weg. Jetzt heißt es loslegen, Kurs halten und bei Laune bleiben. Spezielle Kreativitätsregeln, eine entsprechende Atmosphäre und Querdenken sorgen dafür, dass das gesamte Projektteam jederzeit Höchstleistungen erbringen kann.

Warum Querdenken? Weil Querdenken mehr ist als nur kreativ zu arbeiten. Querdenken ist eine andere Art zu denken. Immer und allgegenwärtig. Allerdings tun es die wenigsten. Meistens setzen sie 08/15-Kreativitätstechniken ein und nennen das dann einen Kreativitätsworkshop oder eine kurze kreative Session.

Aber manch gut gemeinter Kreativitätsworkshop hat schon etwas von einem Hexenkessel. Selbst ernannte Hexenmeister würfeln die bekanntesten Kreativitätstechniken zusammen. Jeder Teilnehmer gibt so viel, dass er gerade nicht auffällt. Am Ende stellt man dann gemeinschaftlich fest: Ein toller Workshop, aber die Umsetzbarkeit läuft gegen null. Wehe denen, die die Suppe dann auslöffeln müssen.

Es geht auch anders. Das haben Sie sich bestimmt mittlerweile gedacht. Ich halte sehr viel von Kreativitätstechniken. Aber bitte jedem die richtige und immer zur passenden Gelegenheit. Die Kombination und vor allem die Rahmenbedingungen machen den Unterschied. Sehen Sie selbst.

Kreativität braucht Inspiration. Warum? Fragen wir doch einen kreativen Zeitgenossen, der es wissen muss. Sir Terence David John Pratchett[6], alias Terry Pratchett, der Meister des Fantasieromans. Nach seiner Meinung umgeben uns ständig Inspirationspartikel, sogenannte geniale Potenziale. Diese irren im Universum herum, um irgendwann im Gehirn einer Person auf einen Inspirationsknoten zu treffen. Dieser wird durch die Inspirationspartikel stimuliert und löst einen Erkenntnisschub aus.

Ah ja, sehr schön. Wenn es doch nur so einfach wäre und die Muse einen immer dann küssen würde, wenn man es gerade braucht. Aber ein wenig hat er schon recht. Kreativität ohne Inspiration funktioniert in der Regel nicht. Schließlich haben Sie einen kreativen Geistesblitz auch nicht dann, wenn Ihnen gerade die Augen vor Überarbeitung zufallen. Dafür brauchen Sie Inspiration. Etwas, was Ihre Sinne anregt. Und genau das ist der Grund, warum Kreativitätssitzungen ad hoc meistens erfolglos sind. Wenn Sie nicht zuvor in die Inspiration investieren, dann macht Ihre Geistesblitzschleuder gerade ein Nickerchen. Da können Sie Brainstorming betreiben, so viel Sie wollen: leer ist leer.

Projekte, die die geballte kreative Kraft des Projektteams nicht nutzen, sind wie Isaac Newton ohne Apfel: ohne Schwerkraft, impulslos, langweilig und meistens zäh. Ich bin der Überzeugung, dass jedes

Projektteam kreativ sein kann, wenn man ein paar einfache Regeln beachtet:

- Ein Kaltstart ist tödlich.
- Kreative Teams brauchen Spielregeln.
- Nur inhomogene Teams kommen auf neue Ideen.
- Kreatives Arbeiten braucht eine wohlwollende Atmosphäre.
- Kreativität braucht einen strukturierten Ablauf.
- Entwickeln Sie Ihr Team vom Kreativarbeiter zum Querdenker.

Sehen wir uns diese Regeln doch mal im Einzelnen an.

Regeln: die Grenzen öffnen

Regel Nummer 1: Ein Kaltstart ist tödlich.

Der kreative Kaltstart verläuft ähnlich, wie wenn Sie ein Dieselfahrzeug im Winter ohne Vorwärmen starten. Es stottert und schlimmstenfalls springt es nicht an. So verhält es sich auch bei einer kreativen Session. In den Worten von Terry Pratchett gesprochen: Die Inspirationspartikel suchen lieber das Weite.

Deshalb empfiehlt sich vor der Ideenfindung immer eine *Aufwärmphase*. Ideen zu generieren bedeutet quer zu denken, anders an die Themen heranzugehen, flexibel im Denken zu sein, zu spinnen, sich fallen zu lassen und einfach Spaß zu haben. Man könnte diesen Zustand auch als grenzenlose Freiheit bezeichnen. Denn in diesem Moment ist alles erlaubt und erwünscht. Natürlich sollte das innerhalb der uns bekannten respektvollen, wertschätzenden und ethischen Rahmen stattfinden.

Diese Freiheit sind wir in unseren alltäglichen Arbeiten aber nicht gewohnt. Deshalb müssen wir uns zum einen dazu die Erlaubnis geben und zum andern auch die Tür für ein solches Vorhaben aufstoßen. Konkret heißt das:

Nehmen Sie den Druck aus dem Workshop.

Geben Sie mit voller Überzeugung die Grundhaltung weiter, dass es vollkommen in Ordnung ist, wenn heute keine neuen Ideen generiert werden. Damit zeigen Sie, dass das Team davon nicht abhängig ist. Sie schauen einfach mal, wo die Ideen- oder Lösungsreise heute hingeht.

Regel Nummer 2: Setzen Sie Regeln, um geistige Freiheit zu gewinnen.

Kreative Spielregeln sind denkbar einfach und eigentlich naheliegend. Doch meistens werden sie vergessen. Schade, denn sie müssten nur aktiv in der Session angesprochen werden. Von allein kommt keiner darauf. Wenn Sie die folgenden Regeln leben, dann steht einer produktiven Kreativsession nichts mehr im Weg:

- Handy und Tagesgeschäft verbannen
- einen vertrauensvollen und partnerschaftlichen Umgang pflegen
- eine »rächtschreibewreie« Zone bilden
- keine Angst vor Fehlern haben, weil diese uns die Schwachstellen unseres Denkens zeigen
- Perfektionismus verbannen, denn Spinnen ist Programm und ausdrücklich gewünscht

Teamkonstellation: Vorsicht, Spinner!

Jede Ideenentwicklung steht und fällt mit dem Team. Je ähnlicher sich die Teammitglieder sind, desto »gleicher« denken sie auch. Man geht zwar in einem geschützten Raum leichter aus sich heraus, aber weltbewegende Ideen oder Lösungsansätze werden hier nicht entwickelt.

Sorgen Sie für *inhomogene Teams*, die sich rein zur Ideenentwicklung oder Problemlösung treffen. Je unterschiedlicher die Beteiligten sind, desto schneller sprudeln die Ideen. Die Teammitglieder sollten dabei optimalerweise unterschiedliche Charaktere haben, beispielsweise Impulsgeber, Analysten, Kritiker und Weiterdenker sein. Integrieren Sie auch *stille und laute Menschen*. Gerade die stillen Menschen sind die, die oft den größeren Weitblick haben oder die Dinge tiefer hinterfragen.

Lassen Sie Kritik in Maßen zu und sorgen Sie für Reibung innerhalb eines respektvollen Rahmens. Wenn wir uns die ganze Zeit das Loblied »Wir haben uns doch alle lieb« singen, gehen Sie zwar im ersten Moment wie aus einem Wellnesswochenende glücklich aus dem Workshop. Die Ernüchterung kommt aber spätestens dann, wenn Ihnen bewusst wird, dass Sie dieser Workshop leider schon wieder einen Arbeitstag gekostet hat und die Ergebnisse gleich null sind.

Öffnen Sie den Ideenhorizont, indem Sie über den Tellerrand blicken. Wenn Sie gedanklich stets in der gleichen Richtung bleiben, bringen Sie sich selber um gute Ideen. Laden Sie Kollegen aus den Nachbarabteilungen ein. Wenn Sie selber aus der Softwareabteilung kommen, würden zum Beispiel Kollegen aus dem Controlling oder dem Eventmanagement die kreative Arbeit bereichern.

Atmosphäre: Ideen Flügel geben

Kreatives Arbeiten ohne Flow-Gefühl ist wie ein Marmeladenbrot, das nach Blutwurst schmeckt. Bäh. Aber oft will die Atmosphäre nicht so recht gelingen. Denkblockaden und die »Ja, aber«-Mentalität zermürben die Teilnehmer. Und nun?

Denkfallen und Kreativitätskiller sind die erste Hürde auf dem Weg zum freien Denken. Wenn wir diese in ihre Schranken weisen können, dann steht uns nichts mehr im Wege.

Sie kennen sicher die klassischen Einwände:

- »… ist unerwünscht …«
- »Dazu sagt der Boss Nein.«
- »Das ist doch gar nicht umsetzbar.«
- »Davon verstehen wir zu wenig.«
- »Da gibt es technische Hindernisse.«
- »Haben wir schon versucht.«

DIE WAS-BRINGT-ES-MIR-HALTUNG

Wenn man es geschafft hat, die Denkblockaden der Kollegen einzudämmen, muss man meistens noch an der grundsätzlichen Haltung und Einstellung zum Workshop arbeiten.

Welchen sekundären Gewinn habe ich, wenn ich hier mitmache? Kann es mir vielleicht auch schaden? Mit dieser Haltung kann die Bremse betätigt, aber auch richtig Gas gegeben werden.

Egal, ob Sie nun kreativ oder analytisch mit einer Gruppe arbeiten, es gibt *drei goldene Projekt-Voodoo-Workshop-Regeln*, die immer zum Ziel führen. Und die Sie für jede einzelne Person in der Gruppe öffentlich beantworten sollten:

1. Regel: Beantworten Sie die Frage nach dem persönlichen Gewinn eines jeden Einzelnen, wenn er heute mitmacht.

2. Regel: Beantworten Sie die Frage, warum gerade diese Person eine Bereicherung für den Workshop ist.

3. Regel: Arbeiten Sie mit inhomogenen Gruppen.

Wenn Sie die beiden ersten Fragen in der Session beantworten können, haben Sie bereits die halbe Miete. Die andere Hälfte kommt automatisch, wenn Sie die Gruppe zusammenwürfeln.

Und es gibt noch einen ganz *banalen Atmosphärenkiller*: ungeeignete Räume und schlechtes Werkzeug, wie beispielsweise Räume mit Publikumsverkehr, vertrocknete Stifte, fehlendes oder voll gekrakeltes Papier vom Vorgänger et cetera. Wenn Sie sich im Vorfeld um diese beiden »Hygieneartikel« kümmern, dann können Sie auch diesem Killer den Schrecken nehmen

Phasen-Modell: Geistesblitze am laufenden Band

Wie im Projektmanagement bekannt, braucht auch kreatives Arbeiten einen Prozess, wenn man es ernsthaft betreiben will. Hierzu zählen vier Phasen: die Aufwärmphase, die Ideenfindungsphase, die Entscheidungsphase und die Ideenfindungsnachphase.

Aufwärmphase
In der Aufwärmphase werden *Denkblockaden* abgebaut und die gemeinsamen *kreativen Spielregeln* eingeführt. Hier bekommt das Team auch ein *Briefing*, wo die Reise heute hingehen soll.

Ideenfindungsphase
In dieser Phase werden mittels Kreativitätsmethoden Ideen und Lösungsansätze *entwickelt*. Die gefundenen Ideen müssen nun *gesammelt* und *komprimiert* werden.

Entscheidungsphase
Führen Sie pro Idee einen *Realitätscheck* aus. Bewerten Sie anschließend die Ideen und erstellen Sie ein *Ranking*, um am Schluss zu einer umsetzbaren *Entscheidung* zu kommen.

Ideenfindungsnachphase
Schön, wenn Sie jede Menge Ideen entwickelt haben. Aber wenn sich keiner darum kümmert, haben Sie dabei nichts gewonnen. Erstellen Sie also noch im Workshop eine *Aufgabenliste* und bestimmen Sie einen *Verantwortlichen*, der diese Ideen oder Lösungsansätze nachverfolgt und in die richtigen Wege lenkt.

Bereiten Sie nach dem Workshop systematisch die Ideen auf und reichern Sie diese mit zusätzlichen Informationen, die während des Workshops angefallen sind, an. Denn ein *Fotoprotokoll* ist in der Regel nur eine Momentaufnahme und mehr nicht.

 **Ideen, die nicht aktuell zum Thema passen, aber gerade doch entwickelt wurden, parken Sie am besten auf einem Ideenparkplatz.**

So geht nichts verloren. Wer weiß, wann Sie diese Idee doch noch gebrauchen können.

Querdenken: gegen die geistige Beschränkung

Jeder kann kreativ sein, wenn man sich traut, die Dinge anders anzugehen, und nach Alternativen sucht. Kurz, wenn man querdenkt.

Mit Querdenken kommt man schneller zu Entscheidungen und vor allem zum Handeln. Denn Querdenker vereinen das Bauchgefühl mit dem Kopf. Am einfachsten geht es, wenn man alle Beteiligten emotional erreicht. Tipps und Tricks dazu können Sie gerne in Kapitel 3.1 nachlesen.

Kopf oder Bauch? Sie brauchen beides. Denn je nach Art des Querdenkens brauchen Sie mal mehr den Kopf, also das Analysieren und logische Durchdenken, an anderer Stelle mehr das Bauchgefühl, das Ihnen anzeigt, ob etwas eine gute Idee oder ein guter Weg ist.

Aber eins brauchen Sie immer – *Fantasie*. »Fantasie ist wichtiger als Wissen, denn Wissen ist begrenzt!«, sagte Albert Einstein. Für mich ist er einer der berühmtesten Querdenker einer ganzen Wissenschaftsgeneration.

Damit stellt er einen der wichtigsten Faktoren für Querdenker in den Raum: Fantasie.

 **Die Fantasie zu haben, dass es keine Regeln und keine Prozesse, oder kurz gesagt keine geistigen Grenzen gibt, ist der Schlüssel zum Querdenken.**

Grenzen setzt man sich nur selber. Ja klar, wahrscheinlich schreien Sie gerade auf und sagen: »Nein, das macht doch mein Unternehmen!« Wirklich? Dann wachen Sie doch endlich aus Ihrem Zombie-Dasein auf. Denn Sie haben immer die Wahl, so zu handeln, wie Sie es möchten. Natürlich müssen Sie dann auch die Konsequenzen Ihres Handelns tragen. Das nennt man einen mündigen Projektleiter.

Daneben muss man sich seiner *geistigen Beschränktheit* bewusst werden. Mit welchen *Denkmustern* gehen Sie üblicherweise an ein Problem oder eine Ideenfindung heran? Ändern Sie diese und sie wird schneller Früchte tragen.

Querdenken heißt auch, sich einem Problem einmal anders zu nähern als sonst. Denn das Problem ist nicht das Problem selbst, sondern die Sichtweise auf das Problem. Also, warum ist das Problem eigentlich ein Problem für Sie? Hinterfragen Sie es und es bringt Sie wieder einen Schritt weiter.

Es gibt drei besonders erfolgreiche Querdenkermethoden, die Ihre Fantasie anregen und Ihren Horizont erweitern:

1. Perspektivenwechsel
Dieses ist die eleganteste Querdenkermethode. Nehmen Sie dazu mehrere verschiedene Perspektiven ein, um jedes Mal von dieser Seite aus auf neue Ideen und Lösungsansätze zu kommen.

2. Drei-Wünsche-Methode

Spielen Sie einfach mal gute Fee und fragen Sie sich: »Was würden Sie jetzt tun, wenn Sie drei Wünsche im Zusammenhang mit der Ideenfindung oder Problemlösung hätten?«

3. Anti-Regeln-Methode

Sie bricht mit allen Regeln und stellt die Frage: Was würden Sie tun, wenn Sie alle Regeln, Normen und Traditionen brechen dürften?

Querdenker sind *Mutmacher* und sie sind mit einem unerschütterlichen Optimismus ausgestattet. Sie versuchen, nicht den Zustand zu erreichen, den das Problem hatte, bevor es zum Problem wurde. Sie suchen vielmehr nach einer besseren Lösung. Ansonsten ist es fast vorprogrammiert, dass das Problem erneut auftritt.

Auf den Punkt gebracht, bedeutet Querdenken:

* angstfrei an Themen heranzugehen
* optimistisch das Problem zu sehen
* Mutmacher zu sein
* außergewöhnliche Wege zu gehen
* Regeln, Prozesse, Traditionen und Denkweisen immer dann zu ignorieren, wenn es der Sache dient
* unbürokratisch an die Dinge heranzugehen
* informiert zu sein
* die Alternativen zu suchen
* präsent zu sein
* unterschiedliche Perspektiven einzunehmen
* Probleme und die Sichtweise auf das Problem zu hinterfragen

Wenn Sie es schaffen, Ihre Teammitglieder zu Querdenkern zu entwickeln, dann werden Sie unschlagbar sein. Denn ich bin der Überzeugung, dass Querdenker Erfolgsgeschichten schreiben.

Projekt-Voodoo-Tipp

> »Was keiner wagt, das sollt Ihr wagen.
> Was keiner sagt, das sagt heraus.
> Was keiner denkt, das wagt zu denken.
> Was keiner anfängt, das führt aus.«
> *Johann Wolfgang von Goethe, aus »Der Zauberlehrling«*

Einen besseren Projekt-Voodoo-Tipp zur Kreativität und zum Querdenken kann man nicht geben! Danke.

4.5 Zusammenfassung

Gut laufende Projekte sind keine Hexerei. Sie können in Zukunft zum Alltag gehören. Denn gegen jedes Problem ist ein Kraut gewachsen. Und das wichtigste Kraut dabei sind einfache Projektrituale in Form von Teamgewohnheiten. Ich würde sogar noch weiter gehen: Rituelle Handlungen sind das Fundament des Projekts, sie geben ihm Halt und Sicherheit und sorgen für den richtigen Voodoo-Teamgeist.

Der Grundstock für Ihr Projekt bildet dabei das erste Ritual: die *Beschwörung* oder anders ausgedrückt ein umfassendes Projekt-Kickoff und die Teamphasen nach Bruce W. Tuckman. Würdigen Sie im Verlauf Ihres Projekts kleine Erfolge, Ihre Kollegen werden es Ihnen danken. Sorgen Sie mit einem Bergfest aktiv gegen den Durchhänger in der Projektmitte. Als Projektleiter haben Sie es in der Hand, wie Sie führen. Die beste Wahl ist, sich individuell auf jeden einzelnen Mitarbeiter einzulassen. Aber die Königsdisziplin ist dabei, auch die gruppendynamischen Prozesse, wie beispielsweise die Teamphasen, situativ zu beachten.

Im zweiten Ritual haben Sie die Voodoo-Kraft der *Visualisierung* kennengelernt. Es ist die einfachste Art, den blinden Fleck jedes Einzelnen auszumalen. Denn ein Bild sagt mehr als tausend Worte und damit ist es viel einfacher zu überprüfen, ob Sie wirklich vom Gleichen reden. Entwickeln Sie deshalb hierzu Ihre eigene Team-Visualisierungssprache. Der Schlüssel zur erfolgreichen Visualisierung liegt dabei in der Einfachheit, im Weglassen und in der Minimierung von Zusatzinformationen. Zusätzlich haben Sie noch, als einfache Visualisierungstechnik, das Fischgräten-Diagramm kennengelernt. Wenn Sie immer wieder die gleiche erfolgreiche Visualisierungsart und -methode wählen, dann wird auch das Team diese automatisch, quasi als rituelle Handlung, bei Problemstellungen heranziehen. Das Team hat nämlich gelernt, dass es so am schnellsten zum Ziel kommt. Damit sind Sie wieder einen Schritt näher auf dem Weg zur Reduzierung Ihrer Führungsarbeit.

Vorbeugen ist besser als Pflaster kleben. Im dritten Kapitel ging es um das *Heilen*. Hier wurde gezeigt, dass eine umfassende Risikoanalyse, das Aufstellen eines Frühwarnsystems, die Erstellung eines Notfallplans und die Durchführung einer Feuerwehrübung die Gefahr, mit dem Projekt unterzugehen, deutlich minimieren. Aber damit ist es nicht getan. Nur wenn Sie regelmäßig, am besten als rituelle Handlung, alle paar Wochen im Jour fixe einen gemeinschaftlichen Blick auf Ihre Risiken werfen, dann sind Sie auf der sicheren Seite.

Im letzten Kapitel ging es ums *Hexen*. Schön wäre es, wenn es so einfach wäre. Deshalb zeigte Ihnen dieses Kapitel, wie Sie sich das Querdenken und die Inspiration zu eigen machen und diese als rituelle Handlungen allgegenwärtig nutzen können. Leben Sie die kreativen Spielregeln und sorgen Sie für eine wohlwollende Atmosphäre. So beflügelt die Arbeit ganz von allein.

Die wohl wichtigste Erkenntnis aus dem rituellen Arbeiten aber ist: Arbeiten Sie nicht im stillen Kämmerlein, sondern suchen Sie die Antwort im Team.

 **Das Team ist immer schlauer als das einzelne Individuum aus dem Team.**

Das erhöht die Motivation, die Mitbestimmung und die Entscheidungsakzeptanz jedes Einzelnen. Deshalb liebe ich Workshops und die Arbeit in Gruppen. Wenn Sie die obigen rituellen Empfehlungen berücksichtigen, kommen Sie einfacher und entspannter ans Ziel.

Nachwort

Nie wieder Albtraumprojekte!

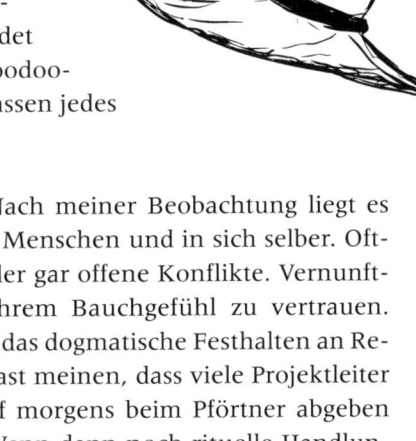

Angst vor schwierigen Projekten?
Mit Projekt-Voodoo ist das Vergangenheit. Wer die gefährlichsten Pro-
jekt-Bedrohungen kennt und meidet
und gelernt hat, mit den Projekt-Voodoo-
Nadeln zu jonglieren, der wird gelassen jedes
neue Projekt meistern.

Warum scheitern Projektteams? Nach meiner Beobachtung liegt es
oft am fehlenden Vertrauen in die Menschen und in sich selber. Oftmals herrschen unterschwellige oder gar offene Konflikte. Vernunft-
getrieben haben viele verlernt, ihrem Bauchgefühl zu vertrauen.
Ganz besonders gravierend ist aber das dogmatische Festhalten an Regeln und Prozessen. Man könnte fast meinen, dass viele Projektleiter
und Projektmitarbeiter ihren Kopf morgens beim Pförtner abgeben
und abends wieder mitnehmen. Wenn dann noch rituelle Handlungen fehlen, die Halt in schwierigen Situationen bieten könnten, dann
liegt das Scheitern nahe. Denn oftmals mangelt es auch noch an den
Querdenkerfähigkeiten. Einfach mal die Alternativen zu sehen oder
die Perspektive zu wechseln, fällt vielen schwer.

Zum Glück hat aber die Projekt-Voodoo-Methode gegen all diese
Punkte ein Voodoo-Kraut parat.

Wenn ich Ihnen zum Schluss drei Wünsche mitgeben sollte, dann
würde ich mir für Sie wünschen,

- dass Sie lernen, quer zu denken und damit stets den Weg zu
  finden, welchen das Ziel gerade braucht,

- dass Sie sich mit Ihrer Führungsarbeit auf die wahren Beweggründe der Menschen fokussieren und damit den Menschen in Ihren Projektmittelpunkt stellen,
- dass Sie auf sich achten und die Projekt-Voodoo-Methode Ihr ständiger hilfreicher Begleiter wird. Wobei Sie davon immer genau so viel nutzen, wie Sie im Moment gerade benötigen.

Ach, was soll's, ich habe noch einen vierten Wunsch: Ich wünsche mir, dass Sie wieder lernen, Ihrem Bauchgefühl zu vertrauen. Denn unsere Intuition ist oftmals schlauer, als es unser Verstand begreifen kann. Verstecken Sie sich nicht hinter Checklisten und Prozessen.

 **Vergessen Sie nicht: Am Ende des Tages ist es der Faktor Mensch, der über den Projekterfolg entscheidet.**

Lassen Sie sich auf die Menschen ein. Seien Sie selber wieder Mensch, dann sind erfolgreiche Projekte keine Hexerei!

Viel Erfolg!

Ihre Bianca Fuhrmann
www.projekt-voodoo.de

ANHANG

Die Autorin

Bianca Fuhrmann, Diplom-Ingenieurin und systemischer Business Coach (Steinbeis-Hochschule Berlin), ist seit über 14 Jahren Expertin für Projektmanagement und Führungskräfteentwicklung. Sie ist die Erfinderin der Projekt-Voodoo®-Methode. Zu ihren Kunden zählen namhafte DAX-Unternehmen und innovative Mittelständler.

Bianca Fuhrmann war viele Jahre als Führungskraft in der Produktentwicklung für die Deutsche Telekom AG und für den Mittelstand tätig. Seit 2008 schätzen ihre Kunden ihre Expertise in Projekten, in der Führungskräfteentwicklung und in ihren Vorträgen.

Als Beraterin

Als Beraterin wird sie immer dann gerufen, wenn Projekte zu scheitern drohen oder bereits an der Wand stehen. Bianca Fuhrmann setzt auf mehr als handwerklich gutes Projektmanagement. Der entscheidende Faktor für das Gelingen von Projekten ist für sie der Mensch und dessen Motivation. Letzteres gilt es als Erstes zu ergründen, bevor man die geeignete Intervention ansetzen kann. Mit ihrem Motto *»Reden ist Silber. Querdenken ist Gold!«* schafft sie es, alle Beteiligten emotional zu erreichen, zu überraschen, wachzurütteln und vermeintlich gesicherte Tatsachen in ein neues Licht zu rücken. Ihre Kriseninterventionen, wie beispielsweise die Projekt-Voodoo®-Puppe, Jack Sparrow oder die eierlegende Wollmilchsau, sind dabei immer ungewöhnlich und holen den Menschen da ab, wo er gerade steht.

Als systemischer Business Coach

Bianca Fuhrmann sorgt als erfahrener systemischer Business Coach in ihren Führungskräfte- und Projekt-Coachings für lösungsorientierte Geistesblitze. Mit ihren kreativen und provokativen Interventionen erreicht sie immer die gewünschten Erfolge.

Die Vortragsrednerin

Ihre Vorträge inspirieren, stellen die gängige Projektmanagementpraxis infrage und fordern zum Reflektieren und Querdenken auf. Als Rednerin ist sie professionelles Mitglied der German Speakers Association.

Als Künstlerin

Kreatives Schaffen ist ihre Freiheit. Sie liebt starke Farben und den surrealen Blick auf die Realität. Sie beschäftigt sich mit der Fotografie, mit großformatigen Gemälden und mit der Objektkunst. In ihren Vorträgen und Art Events führt sie die Business- und Kunstwelt zusammen. Zu ihren Kunden zählen internationale Fünf-Sterne-Hotels, mittelständische Unternehmen und Kunstsammler.

Kontakt

Bianca Fuhrmann
Ringstr. 22
50996 Köln
Tel.:   +49 (0) 221 97 13 80 04
E-Mail: bf@bianca-fuhrmann.de
Internet: www.projekt-voodoo.de
          www.bianca-fuhrmann.de
          www.bianca-fuhrmann-art.de

Quelleneinzelnachweis

1 Cyvh, Zombie, http://de.wikipedia.org/w/index.php?title=Zombie
&oldid=107966505. Zitiert nach Natias Neutert: »Begegnung mit einem
Zombie. Auf den Spuren einer Legende«. In: Süddeutsche Zeitung
Nr. 53, März 1994 (Abfragedatum: 12. September 2012)
2 DIN-Norm 69901 Projektmanagement und Projektmanagementsysteme
des Deutschen Instituts für Normung e.V.
3 Sie sind mitten unter uns, von Bernd Harder, Herder Verlag, 2012
4 Die Leistungsmotivationstheorie von David McClelland, *Human motivation*, Cambridge 1984, und http://de.wikipedia.org/wiki/Motivation
5 Popeye, Elzie Segar 1933
6 Inspirationspartikel, Terry Pratchett: Der Zauberhut: Ein Roman von der
bizarren Scheibenwelt, Piper Taschenbuch; 2007, 8. Auflage

Literatur

Publikationen der Autorin

Fuhrmann, Bianca: *Motivation ist ein Entschluss! Zitatesammlung heraus-
ragender Persönlichkeiten*, Bianca Fuhrmann Verlag, 2011, ISBN:
978-3-00-036865-3
Fuhrmann, Bianca: *Jack Sparrow rettet Ihr Projekt!* http://www.cmm-
magazine.ch/Market/Beratung.aspx?aid=1340, Contact Management
Magazine 2012
Fuhrmann, Bianca: *Projekt-Voodoo: Mit Aha-Effekten neuen Schwung in
Projekte bringen!* http://www.unternehmer.de/management-people-
skills/118682-projektvoodoo-mit-aha-effekten-neuen-schwung-in-
projekte-bringen, Unternehmer.de 2011
Fuhrmann, Bianca: *Die Wollmilchsau im Serverraum*, http://www.it-director.
de/nc/home/newsdetails/article/die-wollmilchsau-im-serverraum.html,
IT-Director.de, 2011
Fuhrmann, Bianca: *Mit kreativen Impulsen emotionale Probleme lösen*,
http://www.business-wissen.de/organisation/probleme-im-projekt-
management-kreativ-loesen/, Business-Wissen.de, 2011

Coaching-Literatur

Besser, Ralf: *Interventionen, die etwas bewegen. Prozesse emotionalisieren, mit Konfrontation aktivieren, über Grenzen gehen, wirksame Rituale gestalten*, Beltz, Weinheim und Basel, 2010

Horn, Klaus-Peter / Brick, Regine: *Das verborgene Netzwerk der Macht – systemische Aufstellung in Unternehmen und Organisationen*, GABAL, Offenbach, 2010

Hüther, Gerald: *Biologie der Angst – Wie aus Stress Gefühle werden*, Sammlung Vandenhoeck, Göttingen, 2005

Kroeger, Steve: *Die 7 Summits Strategie – mit Leichtigkeit persönliche Gipfel erreichen*, GABAL, Offenbach, 2011

Migge, Björn: *Handbuch Coaching und Beratung. Wirkungsvolle Modelle, kommentierte Falldarstellungen, zahlreiche Übungen*, Beltz, Weinheim und Basel, 2007

Molcho, Samy: *Körpersprache des Erfolgs*, Ariston, München, 2005

Radatz, Sonja: *Beratung ohne Ratschlag – Systemisches Coaching für Führungskräfte und BeraterInnen*, Verlag systemisches Management, Wien, 2009

Richter, Kurt F.: *Coaching als kreativer Prozess*, Vandenhoeck & Ruprecht, Göttingen, 2010

Sachs, Uwe / Weidinger, Bernhard: *Beobachten, Verstehen, Verändern – Konventionelle und analoge Interventionen*, Goldegg, Wien, 2009

Schulz von Thun, Friedemann: *Miteinander reden 1. Störungen und Klärungen. Allgemeine Psychologie der Kommunikation*, Rowohlt, Hamburg, 2005

Schulz von Thun, Friedemann: *Miteinander reden 2. Stile, Werte und Persönlichkeitsentwicklung. Differenzielle Psychologie der Kommunikation*, Rowohlt, Hamburg, 2005

Schulz von Thun, Friedemann: *Miteinander reden 3. Das »innere Team« und situationsgerechte Kommunikation. Kommunikation, Person, Situation*, Rowohlt, Hamburg, 2005

Management- und Strategie-Literatur

Andler, Nicolai: *Tools für Projektmanagement, Workshops und Consulting. Kompendium der wichtigsten Techniken und Methoden*, Publicis, Erlangen, 2008

Blanchard, Kenneth / Zigarmi, Patricia / Zigarmi, Drea: *Führungsstile*, Rowohlt, Hamburg, 2004

Blanchard, Kenneth / Carlos, John P. / Randolph, Alan: *Management durch Empowerment. Das neue Führungskonzept: Mitarbeiter bringen mehr, wenn sie mehr dürfen*, Rowohlt, Hamburg, 2003

Blanchard, Kenneth / Oncken Jr., William / Burrows, Hal: *Der Minuten Manager und der Klammer-Affe. Wie man lernt, sich nicht zu viel aufzuhalsen,* Rowohlt, Hamburg, 2005

Blanchard, Kenneth / Carew, Donald / Parisi-Carew, Eunice: *Der Minuten Manager schult Hochleistungsteams,* Rowohlt, Hamburg, 2002

Covey, Stephen R.: *Die 7 Wege zur Effektivität. Prinzipien für persönlichen und beruflichen Erfolg,* GABAL, Offenbach, 2006

Dörner, Dietrich: *Die Logik des Misslingens – strategisches Denken in komplexen Situationen,* Rowohlt, Hamburg, 2005

Kerth, Klaus / Pütmann, Ralf: *Die besten Strategietools in der Praxis. Welche Werkzeuge brauche ich wann? Wie wende ich sie an? Wo liegen die Grenzen?,* Hanser, München, 2005

Kruse, Peter: *next practice – Erfolgreiches Management von Instabilität. Veränderung durch Vernetzung,* GABAL, Offenbach, 2004

Sprenger, Reinhard K.: *Mythos Motivation. Wege aus einer Sackgasse,* GABAL, Offenbach, 2003

Normen

ISO 2150: *Leitfaden zum Projektmanagement* beschreibt Begriffe, Grundlagen, Prozesse und das Prozessmodell im Projektmanagement; Beuth

ISO 10006: *Qualitätsmanagementsysteme* – Leitfaden für Qualitätsmanagement in Projekten, Beuth

DIN 69900: *Projektmanagement: Netzplantechnik – Beschreibungen und Begriffe,* Beuth

DIN-Norm 69901-1 bis 69901-5: *Projektmanagement und Projektmanagementsysteme des Deutschen Instituts für Normung e.V.,* Beuth

DIN 69909 Multiprojektmanagement des Deutschen Instituts für Normung e.V.

Projektmanagement-Literatur

Bohinc, Tomas: *Projektmanagement – Soft Skills für Projektleiter,* GABAL, Offenbach, 2011

Drees, Joachim / Lang, Conny / Schöps, Marita: *Praxisleitfaden Projektmanagement. Tipps, Tools und Tricks aus der Praxis für die Praxis. Mit CD,* Hanser, München, 2010

Drew, Günter / Hillebrand, Norbert: *Lexikon der Projektmanagement-Methoden,* Haufe, München, 2007

Gassmann, Oliver: *Praxiswissen Projektmanagement. Bausteine – Instrumente – Checklisten*, Hanser, München, 2005

Klaus D. Tumuscheit: *Überleben im Projekt. 10 Projektfallen und wie man sie umgeht*, MVG, München 2002

Krug, Gerhard: *Tarnen, Tricksen, Täuschen – das erfolgreiche Projektmanagement*, Rowohlt Paperback, Hamburg, 2008

Koschek, Holger: *Geschichten vom Scrum. Von Sprints, Retrospektiven und agilen Werten*, dpunkt, Heidelberg, 2010

Noé, Manfred: *Crash-Management in Projekten. Vorbeugen, Erkennen, Analysieren und Überwinden von Konflikten und Krisen*, Publicis, Erlangen, 2006

Pichler, Roman: *Scrum – Agiles Projektmanagement erfolgreich einsetzen*, dpunkt, Heidelberg, 2008

Schelle, Heinz / Ottman, Roland / Pfeiffer, Astrid: *ProjektManager*, GPM, Nürnberg, 2005

Scheurer, Bernhard M.: *Projektherz*, Daedalus, Münster, 2010

Siwon, Peter: *Die menschliche Seite des Projekterfolgs. Was Softwerker über (verborgene) Denkautomatismen und -modelle in der Projektarbeit wissen müssen*, dpunkt, Heidelberg, 2011

Sterrer, Christian / Winkler, Gernot: *Let your projects fly. Projektmanagement – Methoden – Prozesse – Hilfsmittel*, Goldegg, Wien, 2006

Süß, Gerda / Eschlbeck, Dieter: *Der Projektmanagement-Kompass. So steuern Sie Projekte kompetent und erfolgreich*, Vieweg, Braunschweig, 2002

Tumuscheit, Klaus D.: *Überleben im Projekt. 10 Projektfallen und wie man sie umgeht*, Redline Wirtschaft, Heidelberg, 2007

Projektmanagement als Roman

DeMarco, Tom: *Bärentango. Mit Risikomanagement Projekte zum Erfolg führen*, Hanser, München, 2003

DeMarco, Tom: *Spielräume. Projektmanagement jenseits von Burn-out, Stress und Effizienzwahn*, Hanser, München, 2001

DeMarco, Tom: *Der Termin. Ein Roman über Projektmanagement*, Hanser, München, 1998

Schwarze Magie

Brooks, Max: *Der Zombie Survival Guide – Überleben unter Untoten*, Goldmann, München, 2010

Harder, Bernd: *Sie sind mitten unter uns. Die Wahrheit über Vampire, Zombies und Werwölfe*, Herder, Freiburg im Breisgau, 2012

Lademann-Priemer, Gabriele: *Voodoo – Wissen, was stimmt*, Herder, Freiburg im Breisgau, 2011

Pratchett, Terry: *Der Zauberhut. Ein Roman von der bizarren Scheibenwelt*, Piper Taschenbuch, München, 2011

Visualisierung-, Kreativität- und Querdenker-Literatur

Erharter, Wolfgang A.: *Kreativität gibt es nicht. Wie Sie geniale Ideen erarbeiten*, Redline, München, 2012

Förster, Anja / Kreuz, Peter: *Nur Tote bleiben liegen. Entfesseln Sie das lebendige Potenzial in Ihrem Unternehmen*, Campus, Frankfurt, 2010

Förster, Anja / Kreuz, Peter: *Alles: außer gewöhnlich. Provokative Ideen für Manager, Märkte, Mitarbeiter*, Econ, Berlin, 2009

Förster, Anja / Kreuz, Peter: *Different Thinking! So erschließen Sie Marktchancen mit coolen Produktideen und überraschenden Leistungsangeboten*, Redline Wirtschaft, Frankfurt, 2005

Jánszky, Sven Gábor und Jenzwosky, Stefan A.: *Rulebreaker – Wie Menschen denken, deren Ideen die Welt verändern*, Goldegg, Wien, 2010

Kellner, Hedwig: *Kreativität im Projekt*, Hanser, München, 2002

Seifert, Josef W.: *Visualisieren, Präsentieren, Moderieren*, GABAL, Offenbach, 2003

Workshop- und Trainings-Literatur

Berndt, Christian / Bingel, Claudia / Bittner, Brigitte: *Tools im Problem-lösungsprozess. Leitfaden und Toolbox für Moderatoren*, managerSeminare, Bonn, 2009

Große Boes, Stefanie / Kaseric, Tanja: *Trainer-Kit. Die wichtigsten Trainings-theorien, ihre Anwendung im Seminar und Übungen für den Praxistransfer*, managerSeminare, Bonn, 2008

Klein, Zamyat M.: *Kreative Seminarmethoden. 100 kreative Methoden für erfolg-reiche Seminare*, GABAL, Offenbach, 2008

Seifert, Josef W.: *Moderation und Konfliktklärung. Leitfaden zur Konflikt-moderation*, GABAL, Offenbach, 2011

Weidemann, Bernd: *Handbuch Active Training. Die besten Methoden für leben-dige Seminare*, Beltz, Weinheim und Basel, 2008

Stichwortverzeichnis

Die wichtigsten Handlungsempfehlungen, die einzelnen Punkte des Projekt-Voodoo-Leitfadens, die Projekt-Voodoo-Tipps und die Workshop-Methoden finden Sie auf den folgenden Seiten:

Alphabetisches Stichwortverzeichnis

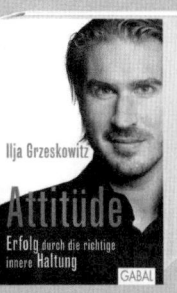

Hier finden Sie Gleichgesinnte ...

... weil sie sich für **persönliches Wachstum** interessieren, für **lebenslanges Lernen** und den Erfahrungsaustausch zum Thema Weiterbildung.

... und Andersdenkende,

weil sie aus unterschiedlichen Positionen kommen, unterschiedliche Lebenserfahrung mitbringen, mit unterschiedlichen Methoden arbeiten und in unterschiedlichen Unternehmenswelten zu Hause sind.

Das nehmen Sie mit:

- Präsentation auf wichtigen Personal-Messen zu Sonderkonditionen sowie auf den GABAL-Plattformen (GABAL impulse, eLetter und auf www.gabal.de)

- Teilnahme an Regionalgruppenveranstaltungen, Werkstattgruppen und Kompetenzteams

- Sonderkonditionen beim Symposium und Veranstaltungen unserer Partnerverbände

- Gratis-Abo der Fachzeitschrift wirtschaft + weiterbildung

- Gratis-Abo der Mitgliederzeitschrift GABAL impulse

- Vergünstigungen bei zahlreichen Kooperationspartnern

- u.v.m.

Auf unseren Regionalgruppentreffen und Symposien entsteht daraus ein **lebendiger Austausch**, denn wir entwickeln gemeinsam **neue Ideen**.
Zudem pflegen wir intensiven Kontakt zu namhaften Hochschulen, so erhalten wir vom Nachwuchs spannende Impulse, die in die eigene Praxis eingebracht werden können.

Neugierig geworden?
Informieren Sie sich am besten gleich unter:

www.gabal.de
E-Mail: info@gabal.de
oder
Tel.: 06132-5095090